建筑工程施工项目管理系列手册

第二分册

项目施工管理与进度控制

丛书主编　卜振华　吴之昕
主　　审　吴　涛
本册主编　李政训

中国建筑工业出版社

图书在版编目(CIP)数据

项目施工管理与进度控制/李政训主编.—北京:中国建筑工业出版社,2003
(建筑工程施工项目管理系列手册;第二分册)
ISBN 978-7-112-05885-3

Ⅰ.项… Ⅱ.李… Ⅲ.①建筑工程—施工管理 ②建筑工程—施工进度计划—施工管理 Ⅳ.TU71

中国版本图书馆 CIP 数据核字(2003)第 047307 号

建筑工程施工项目管理系列手册
第二分册
项目施工管理与进度控制

丛书主编 卜振华 吴之昕
主　　审 吴　涛
本册主编 李政训

*
中国建筑工业出版社出版、发行(北京西郊百万庄)
各地新华书店、建筑书店经销
北京蓝海印刷有限公司印刷
*
开本:850×1168 毫米 1/32 印张:9½ 字数:260 千字
2003 年 8 月第一版 2009 年 6 月第三次印刷
印数:6501—7700 册 定价:**18.00** 元
ISBN 978-7-112-05885-3
(11524)

本书全面、系统地讲述了工程项目进度控制与施工管理的理论、内容、方法和实例，共分六个章节，分别为：施工管理概述、施工准备工作、施工进度计划管理与进度控制、施工现场管理、竣工验收管理、用户服务管理。本书吸取了国内大型建筑企业的科学管理方法，紧密结合我国建筑业、建筑业企业和工程建设的改革实际，着力与世界接轨，内容丰富，实用性强，用途广泛。

建设单位、施工单位和政府各级建设管理部门项目管理相关人员及大专院校工程管理、土木工程类学生用书。

* * *

责任编辑 胡永旭 张礼庆

建筑工程施工项目管理系列手册
编 委 会

序

项目既是建筑产品的基本单位,也是建筑产品生产组织的基本单位。以项目为单位组织工程施工是建筑业生产组织的基本模式。正因为如此,自1987年国务院指示推广鲁布格工程管理经验以来,建设部和各有关部委一直将推行工程项目管理作为推进我国建筑施工生产模式变革和建筑企业体制改革的一个突破口。通过全行业十几年的共同努力,我国逐步发展并初步形成了一套基本与国际工程承包惯例接轨同时具有中国特色的工程项目管理的理论和方法。特别是去年5月1日起施行的由国家建设部和质量监督检验检疫总局以建标[2002]12号文颁发的《建设工程项目管理规范》,系统总结了我国推行工程项目管理的理论探索和实践经验,并借鉴国外先进的工程项目管理模式,全面规范了建设工程的项目管理,具有较强的实用性和操作性。

《建设工程项目管理规范》施行一年来,在规范建筑企业项目管理行为、提高我国建设工程项目管理水平方面已经显示出其积极作用,但从全国看,《建设工程项目管理规范》的学习、宣传、贯彻、实施呈现很大程度的不平衡。不少建筑企业的经营者和工程项目的管理者对《建设工程项目管理规范》的理解存在着一些误区,在项目管理的实施中出现一些偏差,必须引起我们的高度重视。一是在项目与企业的关系上,有相当一部分人错误地认为工程项目管理完全是项目经理部的事务,片面地扩大项目经理的职能和职权,忽视企业总部对项目经理部的服务、控制和监督的职能;也有一些建筑企业的经营者习惯于用行政的手段管理项目,越俎代庖,不适当地干预项目经理的职权和工程项目的日常管理。二是在施工资源的运用与拥有的关系上,一部分项目管理者仍被传统的资源观所束缚,不理解"不求为我所有,只求为我所用"的道理,本应是一次性的项目经理部演变为人员及其他资源固化的分公司,造成施工资源低效运用与严重浪费。三是由于我国基层项目管理人员的文化基础和管理经验很不平衡,相当一部分基层管理人员不知道如何将现代项目管理理论和手段运用到具体工程项目上,比较普遍地存在脱节现象。这些问题的解决都要求我们进一步加大《建设工程项目管理规范》培训、推广的力度。

在《建设工程项目管理规范》实施一周年之际,中国建筑工业出版社根据建筑业的实际需要,推出这一套《建筑工程施工项目管理系列手册》非常及时。这套系列手册由项目管理水平较高的建筑企业中长期从事工程项目管理的专业人员编写,由中国建筑业协会工程项目管理委员会吴涛秘书长主审,体系完整、编排合理、诠释规范、突出实务、澄清误区、针对性强,是广大基层项目管理人员学习、贯彻《建设工程项目管理规范》的一套较好的参考书、工具书,也是推进工程项目管理人员职业化建设一套较好的培训教材。

21世纪头一二十年是我国重要的发展战略机遇期。建筑业作为国民经济的一个支柱产业,必须抓住这一机遇期,积极应对加入WTO的挑战,加快我国工程项目管理与国际惯例接轨,全面提高我国工程项目管理水平。我希望随着工程项目管理实践的不断发展和项目管理理论的深入研究,我们的《建设工程项目管理规范》得以进一步修订与完善;同时也希望《建筑工程施工项目管理系列手册》的编者也能用新的实践经验和理论成果丰富与充实这套手册,使之继续成为广大基层项目管理人员的良师益友。

金德钧

(金德钧　建设部总工程师)

2003年5月

前　言

自1987年国务院推广鲁布革工程管理经验、推行施工项目管理体制改革,直至2002年建设部和质量监督检验检疫总局颁发《建设工程项目管理规范》,经过了15年实践我国施工项目管理的总体水平有了很大提高,取得了丰富的经验和丰硕的成果。《建设工程项目管理规范》的颁发,标志着我国初步形成了一套具有中国特色并与国际惯例接轨、适应市场经济要求的工程项目管理模式。但是,不同的地区、不同的企业,甚至在同一个企业的不同项目之间,施工项目管理的水平极不平衡,相当一部分基层管理人员对施工项目管理的理解和认识还存在严重的偏差,相当一部分建筑企业在项目管理的实施中陷入误区。为了更好地贯彻实施《建设工程项目管理规范》,我们结合自身项目管理的实践并学习借鉴优秀工程项目管理的成功经验,编写了本套《建筑工程施工项目管理系列手册》,以供业内广大施工项目的基层管理人员参考。

本套手册共为七册,依次为《项目管理模式与组织》、《项目施工管理与进度控制》、《施工项目质量控制》、《施工项目安全控制》、《施工项目技术管理》、《施工项目资源管理》和《施工项目成本控制与合同管理》。其中第一分册《项目管理模式与组织》介绍了规范的施工项目管理体系,包括基本概念和理论、主要内容和方法、常见的偏差和倾向,同时简要介绍了施工项目管理信息化;第二分册《项目施工管理与进度控制》给出了从施工准备到竣工验收及售后服务的全过程中,对施工现场各要素在时间与空间上的调度和控制及其相关的管理工作;第三分册《施工项目质量控制》依据ISO 9000:2000版介绍了项目质量管理体系的建立与运行,着重阐述了质量控制的方法、质量通病的防治以及项目质量创优工作的程序；第四分册《施工项目安全控制》介绍了施工各阶段安全策划的内容、安全监控的重点、安全检查的内容以及安全评估的方法；第五分册《施工项目技术管理》介绍了施工项目技术管理的内容和制度，重点阐述了施工组织设计和施工技术资料的编制和汇总，同时对工法、标准的贯彻和科技示范工程的实施做了概括的介绍；第六分册《施工项目资源管理》综合介绍了施工项目的物资、机械设备、劳动力和资金等资源的管理，建设部和质量监督检验检疫总局颁发《建设工程项目管理规范》把上述各种施工资源和上一分册所述的技术归纳为施工项目的生产要素，本系列手册考虑到实际工作的习惯，仍然将技术管理和资源管理分在两册里介绍；第七分册《施工项目成本控制与合同管理》以施工合同为主线，描述了与合同前期、合同实施过程直至合同终止各阶段相对应的成本预测、控制和核算，同时平行介绍了合同签订、实施、变更、争议与索赔、合同的中止与终止等合同管理工作。在编写本套《建筑工程施工项目管理系列手册》时，我们力图贯彻以下编撰思路，以期满足广大施工项目基层管理工作者的实际需要：

1. 系列化、模块化编排。在最初的编排设计时，曾考虑按施工项目基层业务员的岗位为对象，采用“一岗一册”的方式编写。后来考虑到各施工企业、工程项目的具体情况不同、项目管理班子的岗位位置也不尽相同，因此改为以施工项目管理业务的基本模块为单位，一个基本管理模块编写为一册。这样既能避免采用大部头的手册合订本不便于基层管理人员携带阅读，又照顾到不同企业、项目管理岗位设置上的差异，便于项目基层管理者根据自身业务的需要选购其中一册学习、参考。

2. 体现“规范”的思想，采用“规范”的用语。《建设工程项目管理规范》是我国15年推行施工项目管理体制改革和工程项目管理实践的科学总结，是当前我国建筑企业在施工项目管理科学化、规范化、法制化道路上的指针。本套手册各分册的编写严格遵循《建设工程项目管理规范》的规定，按照“四控、三管、一协调”的项目管理基本内容将基层项目管理人员的管理业务加以展开，使之成为基层项目管理人员学习、贯彻《建设工程项目管理规范》的参考书、工具书。

3. 澄清对施工项目管理认识上的“误区”。尽管建设部推行项目法施工和施工项目管理已有10个年头，但是由于较长一段时间里没有推出一套完整的规范，因此对于大批基层项目管理人员来说，规范的项目管理还是一个新概念、新体系。至今为止，对于施工项目管理认识上的误区仍是一个相当普遍的问题。本套手册针对目前最为普遍、危害最大的一些认识误区，对照“规范”加以剖析，在说明应该怎么做的同时说明不应怎么做。

4. 实用性、操作性与前瞻性相结合。本套手册以阐述我国当前通行项目管理实务为主，同时以少量篇幅介绍国外项目管理的新思想、新理论，以便使阅读本套手册的基层项目管理人员既能立足本职、立足当前，又能开阔视野、开阔思路。这对于他们在自己的本职岗位上创造性地贯彻《建设工程项目管理规范》将会大有裨益。

5. 引入施工项目管理信息化。信息化是提高我国施工项目管理水平的重要途径，是当今世界工程项目管理发展的一个大趋势、大方向。我国施工项目管理信息化仍处于起步阶段，相当一部分中、小型建筑企业尚未在施工项目上使用计算机。我国施工项目管理尚缺乏集成度高、实用性强的软件，有待于进一步配套与完善。本套手册简要介绍施工项目管理信息化的基本概念、基本框架，而不展开介绍某一具体管理软件。

本套手册的编写中得到中国建筑业协会工程项目管理委员会有关专家的指导、中国建筑一局集团各有关公司和部门的支持和帮助，在此特表示衷心的感谢。同时对手册编写过程中采用的参考文献的作者表示谢意。

由于我们本身的知识、阅历的局限，加上编写人员仍都承担着较为繁重的日常管理工作，编写时间仓促，对《建设工程项目管理规范》的理解和阐述难免有肤浅或不够准确之处，恳请读者和有关专家批评指正。

编　者

2003年5月

目　录

1　施工管理概述

2　施工准备工作

5 竣工验收管理

6 用户服务管理

1 施工管理概述

1.1 施工管理的概念和任务

1.1.1 施工管理的概念

我们这里所谓的施工管理与施工项目管理是不同的,后者是工程项目在施工阶段全面、全过程的管理,在第一册中有了全面的描述。而施工管理是以计划为龙头,以施工现场的时间与空间的统筹作为管理的主要内容,是施工项目管理中的重要组成部分。

1.1.2 施工管理的基本任务

1.1.2.1 施工管理活动的特征

建筑产品的施工过程,是一项复杂的组织活动和生产活动,与其他行业的生产活动相比,施工管理活动有其特征:

1. 施工管理的主要任务是保证工程进度符合合同规定的要求。因此,施工管理活动应以计划为龙头,按照《项目管理实施规划》进行科学的计划安排,合理地组织施工。

2. 建筑施工的单体性、临时性,造成施工条件和环境的复杂多变。它不但受资源、设备的影响;而且受气候条件、周围环境、道路交通、地下障碍等的影响;还要受人为因素的影响:施工项目部内部人员的素质,近外层设计、业主、监理,远外层政府各部门,乃至附近居民的影响。由于上述原因,计划多变是建筑施工的特点之一。为了保证合同工期,进度控制成为施工管理的核心,因此,必须采取各项措施做好进度控制工作。

3. 建筑施工的流动性、露天生产、施工周期长等特点,要求建筑施工企业和施工项目经理部从始至终的进行施工准备工作，它包括开工前的全场性施工准备、单位工程施工准备、施工过程中的分部分项工程作业条件准备和冬雨期施工的季节性施工准备。施工准备工作是随着工程类型、性质、规模及现场条件的不同而多变的。因此，施工准备既要有连续性，又要有阶段性，必须有计划、按步骤、分期分批、分阶段地进行，并贯穿项目施工的全过程。

4. 建筑施工既属于大量手工操作的装配性质的作业，又属于动态变化的现场型作业，在施工劳动力安排上、物资设备供应上、资金的合理使用上、场地空间的占用上、技术要求工艺操作上都很复杂。它既要求严格按照一定的施工顺序开展工作，又要求有必要的技术间隔和流水组织及合理的深度交叉施工。同时施工项目实施过程的各阶段、与之相关的各管理层次、相关的管理部门之间，存在着为实现同一目标的大量结合部。在这些结合部内，存在着复杂的关系和矛盾，处理不好，便会形成协作配合的障碍，进而影响项目目标的实现。因此，就要求在施工过程中进行大量的、综合性的协调工作。如果没有及时、周密的综合协调，人流、物流、财流和工艺流等方面，必然会被随时出现的矛盾和发生的问题所影响、所阻塞，致使施工生产无法正常进行和推动。

1.1.2.2　施工管理的基本任务

综上所述，依据建筑产品的生产特点和施工管理活动的特征，施工管理的基本任务就是根据生产管理的普遍规律和施工生产的特殊规律，以具体的施工项目工程其施工活动的施工现场作为管理对象，正确处理施工过程中的劳动力、劳动对象和劳动手段在空间布置和时间排列上的矛盾，针对性地进行行之有效的组织管理活动，保证和协调施工生产按计划、按步骤的正常有序进行，做到人尽其才、物尽其用，高速、优质、低成本，安全文明地完成施工合同承诺的各项目标，为业主、为国家和人民交付更多更好的建筑产品。

1.2 施工管理的基本内容

施工管理的基本任务和管理对象,决定了施工管理的基本内容。概括起来,施工管理的基本内容包括:

1.2.1 施工准备工作管理

施工准备工作,是为拟建工程的施工全过程建立必要的技术和物质条件,统筹安排施工力量、施工机械、施工设备、施工材料和施工现场,保证工程正常施工必须事先做好的工作。它作为施工全过程中的一项重要的管理工作,应当自始至终坚持"不打无准备之仗"和"车马未动,粮草先行"的原则。特别是在建筑施工企业,施工准备工作是企业落实目标管理、推行施工项目管理技术经济责任制的重要依据。因此,严谨科学的统筹规划、合理有序的全面安排、认真负责地落实各项施工准备工作,对于充分发挥企业优势、展示企业项目管理实力、创建品牌形象和"精品工程"、增加企业经济效益和社会信誉、实现企业管理现代化等具有重要意义。

施工准备工作按施工阶段分类包括两个方面:一是开工前的施工准备。它是指拟建工程开工以前所进行的一切施工准备工作,是有全局性的、全面的准备。如果没有这个准备过程,施工项目既不能按时开工,更不能连续施工,尤其在大型工程施工项目上,更是如此。二是施工阶段的施工准备,亦可称作业条件的施工准备。它是指为某一施工阶段、分部分项或某施工环节正式施工创造必要条件的准备,是局部性的、经常性的施工准备。

在施工准备工作中,要反对那种"边设计、边准备、边施工"的违反科学的做法,同时也要防止两方面准备重此轻彼的倾向。

1.2.2 施工进度计划管理与控制

组织施工项目的施工,施工进度计划管理与控制是整个施工项目管理的核心和龙头。以建筑施工企业管理来讲,施工计划管理,是指用全面计划的组织管理方法把施工企业的全部施工项目的施工生产活动和各项经营管理活动全面组织起来运作,并对其进行综合平衡、协调、控制和监督。它包括在市场经济规律的指导下,制定企业生产经营的经济技术指标或目标;对承担的施工项目任务进行科学合理的部署安排;编制可行的项目施工生产进度的长、中、短期计划和保证实施的各类专业计划,并进行综合平衡;组织计划的贯彻执行,并在执行中进行动态检查、分析;对项目施工中的生产、技术、经济等活动进行协调和控制,并使其正常运转。施工计划管理是一项全面的管理工作,是施工企业管理的首要职能。

目前,大中型建筑施工企业的施工管理已转制为以"施工项目管理为中心"的管理。因此,项目经理部对所承担的施工项目实施阶段的施工进度计划管理与控制,而控制的标准是施工进度计划。所以,施工进度计划是指表示施工项目中各个单位工程或分部分项工程的施工顺序、开竣工时间关系和为保证目标进度实现的资源计划做出全面部署安排的计划。施工项目进度计划管理是指对施工项目预期目标进行统筹安排和实施、监督、控制等一系列管理活动的总称。它包括编制施工项目实施性施工进度网络计划和资源优化配置计划以及执行中的月、旬(周)、日施工作业性计划和施工任务书;贯彻执行施工进度计划并不断推进施工进度;对施工进度计划执行情况进行动态检查、对比、分析和及时调整;进行施工进度控制和协调;安排好收尾阶段的交叉施工作业计划,确保按合同工期交竣工验收并进行进度控制总结。

1.2.3　施工现场管理

按照《建设工程施工项目管理规范》中施工现场管理的定义是指对施工现场内施工活动及空间所进行的管理活动。施工现场管理的目标是:规范场容、文明施工、安全有序、整洁卫生、不扰民、不损害公众利益。

施工现场管理的内容比较繁杂,它直接反映施工企业的各项管理工作和施工项目管理各项专业管理工作的成果,所以必须合理分工,又必须密切协作配合,使其具体管理内容适应工程内容、工程平面布置、现场环境、交通运输条件和工程施工进度的要求。其主要内容有以下几方面。

1.2.3.1 施工现场平面布置与管理

施工现场平面布置,是要解决施工所需的各项设施和永久性建筑(拟建的和已有的建筑)之间的合理布置。即按照施工部署、施工方案、施工进度的要求,对施工用的临时建筑,临时加工场地,材料仓库及堆场,临时水、电、动力管线,施工用大中型机械设备和交通运输道路,现场围挡等做出的周密规划和布置。施工现场平面管理则是根据施工进度的不同阶段在施工过程中对平面布置调节的调整和补充,即是对施工总平面图全面落实的过程管理。

1.2.3.2 施工现场CI管理

所谓CI管理就是企业形象视觉识别规范的简称。既是使施工现场视觉形象标准化、规范化,把施工现场科学管理与企业形象有机地结合起来,创造文明、优美的环境,不但提高了管理水平,而且树立了企业的形象。

1.2.3.3 施工现场的成品保护

施工的过程是一个多专业、多部位、多工种反复穿插作业的过程。随着时间的推移,有些分部分项工程完成了,而其他工程正在施工。如果对已完成的成品不加以保护,就会造成损坏、污染和丢失,造成质量下降,工期拖延。

1.2.3.4 施工现场文明安全施工管理

创建文明安全工地是根据建设主管部门制定的《建筑法》、《建设工程施工现场文明安全施工管理暂行规定》等法律、法规的要求进行的。其主要内容应包括：场容场貌、环境保护、卫生、消防保卫等。

1.2.4 竣工验收管理

1.2.4.1 竣工验收的概念

施工项目竣工验收是建设项目竣工验收的第一阶段,可称之为初步验收或交工验收,其含义是建筑施工企业按照承包合同的内容完成其承包的施工项目工程后,接受建设单位的检验,合格后向建设单位交工。其验收过程是：当建设项目的某个单项工程施工承包单位已按设计要求建完该工程能满足生产要求或已具备使用条件，施工承包单位就可以向建设单位发出交竣工通知，申请检验。建设单位接到施工单位的通知后，在做好验收准备的基础上，组织施工、设计、监督等单位共同进行交工验收。验收合格后，建设单位与施工单位签订《交工验收证书》等文件。施工单位应据此进行工程决算和移交工程施工各类档案材料。

建设项目竣工验收是动用验收，是指建设单位在整个建设项目按批准的设计文件所规定的建设内容全部建成后，向使用单位（业主方）交工的过程。其验收程序是：整个建设项目按设计要求全部建成，并全部经过第一阶段的交工验收，符合设计要求，并具备竣工图、竣工结算、决算等必要的经济、技术文件资料后，由建设项目主管部门或建设单位，向负责验收的单位提出竣工验收申请报告，按现行验收组织规定，接受由银行、物资、环保、劳动、统计、消防及其他有关部门组成的验收委员会或验收组验收，办理固定资产移交手续。验收委员会或验收组负责审查建设的各个环节，听取各有关单位的工作报告，审阅工程技术档案资料，并实地查验建筑工程设备安装情况，对工程设计、施工和设备质量等方面提出全面详实的评价报告。

施工项目竣工验收和建设项目竣工验收是两个阶段的验收，互相联系而又有区别。两者之间的区别如下表1-1所示。

施工项目、建设项目竣工验收比较　　表1-1

验收类别	施工项目竣工验收	建设项目竣工验收
验收时间	单项工程内容完工后	建设项目全部建成后
验收主体	建设单位	使用单位（业主方）
参验单位	建设、设计、施工单位	验收委员会、建设单位
验收目的	移交建筑安装	移交固定资产
验收对象	单项、部分工程验收	整体项目验收
验收关系	初步验收	动用验收

当建设项目规模较小、较简单或业主方同为建设方时，可以将施工项目竣工验收与建设项目竣工验收合为一次进行。

1.2.4.2 竣工验收的意义

竣工验收具有以下几点意义：

1. 竣工验收是施工阶段的最后环节，也是保证承包合同任务按期完成、提高施工质量水平的最后一关。通过竣工验收，可以全面综合考察工程施工进度、工程质量、工程成本的控制与管理水平，保证交竣工项目符合设计、标准、规范等规定的质量标准要求和合同规定的履约要求。

2. 完整、及时的做好施工项目的竣工验收，可以促进建设项目按时投产或投入使用，对发挥投资效益，产生新的积累和总结投资经验具有重要作用。

3. 施工项目的竣工验收，标志着建筑施工企业承包该工程的施工项目经理部的一次性任务的全面完成，可以及时收回工程款，总结经验教训和安排新项目的施工任务。

4. 通过施工项目竣工验收整理档案资料的管理工作，既能总结建设过程和施工过程的经验和不足，又能给使用单位提供使用、维修和扩建的依据，具有长久的意义。

5. 通过施工项目竣工验收后，建设单位与施工单位方能按规定签订《建设工程保修合同》，明确规定签约双方的责任、权利和义务，用法律文件约束继续完成施工项目的用后服务。

1.2.5 用户服务管理

用户服务管理是指工程项目从投标开始、开工、施工直至竣工验收交付使用后，按照合同和有关规定，在整个工程建设的前期、中期、后期的全过程服务管理。

1.2.5.1 用后服务管理的概念

用后服务管理是施工项目管理的最后阶段，即在交工验收后，按《建设工程保修合同》中规定的责任期进行用后服务、回访和保修所必须进行的工作过程和成果。

1.2.5.2　用后服务管理的目的

用后服务管理的目的是保证使用单位的正常使用，发挥投资效益；保证建设方、施工方对合同规定内容的全面履行；保证和提高施工方的服务意识、社会信誉和经济效益。

1.2.5.3　用后服务管理的工作

用后服务管理工作包括：

1. 为保证工程正常使用而做的必要的使用指导、技术咨询和服务工作。

2. 定期或不定期的进行工程回访，听取使用单位的意见，从中总结经验、汲取教训。

3. 定期针对使用中发现的问题组织进行必要的维护、维修和保修。

4. 根据需要进行沉陷、抗震性能、"四新"（新工艺、新材料、新设备、新技术）应用等的观察、观测，用以服务于宏观事业的需求。

5. 保修责任期满后，及时会同合同签约单位收回保修金，解除合同。

1.3　施工管理的基本要求

1.3.1　保证完成合同确定的目标

项目施工管理过程和最终成果的各项目标，是以施工承包合同和管理对象为依据确定的。施工管理的核心内容是施工进度控制，进度控制的指导思想是：总体统筹规划、分步滚动实施。因此建筑业企业应按项目工程系统构成、施工阶段和部位等进行总目标分解，作为制定施工进度计划的前提和建立过程进度控制的依据。项目在施工管理、进度控制中要通过施工部署、组织协调、生产调度及指挥来改善施工程序和方法的决策等，应用技术、经济和管理手段充分发挥责任主体的作用，保证按合同规定的质量标准和竣工日期交竣工，实现建设投资预期的经济效益、社会效益和环境效益。

1.3.2 展现三个层次的管理活动

项目施工管理的内容和遵循的程序是指建筑施工企业作为承包人自投标开始直至回访保修完成为止全部施工过程的内容和程序。施工管理过程周期长、内容多、专业广、程序严、干扰大、协调难……因此,各建筑业企业为了实现高速、优质、低耗、安全的完成每个承包项目的施工生活任务,实现合同履约率百分之百的企业经营管理目标,都在努力提高管理水平,不断修订本企业的施工项目管理内容和程序手册,并借此充分展现企业经营决策层、企业管理层和项目管理层三个层次的管理活动过程,获得良好的社会信誉。

1.3.3 体现封闭循环原理和信息反馈原理

施工管理中的每个步骤的管理活动过程都是循环活动,该循环按 P(计划)、D(执行)、C(检查)、A(处理)的顺序展开,并在管理的整个过程中不断循环。如果不进行每个循环的封闭,则不是完整的管理,因而也不是有效的管理。同时,要推动整个管理的不断循环,就要求不间断地将收集到的信息逐级反馈。若没有了信息反馈,则无法进行分析比较,做适时决策,也就失去了管理控制。因此,在施项目的施工管理活动过程要体现管理的封闭循环原理和信息反馈原理。

1.3.4 树立"过程精品"的管理思想

施工项目管理的基本内容是"四控制、四管理、一协调"即进度、质量、成本、安全控制,生产要素、现场、合同、信息管理和组织协调。围绕着这些管理内容的管理活动贯穿于项目施工从投标开始直至回访保修完成为止的整个过程之中。经验证明,通过"动态管理,过程控制",以创"过程精品"作为管理的指导思想,方能铸出"精品工程"的施工业绩。我国的建筑施工企业和发达国家知名承包方在管理上的明显差距表现在过程控制能力不强,过程控制中出不了精品。因此,必须尽快树立"过程精品"的管理思想。

1.3.5 施工规律和管理规律相统一

工程项目的施工过程,有其本身的客观规律。它包括施工工艺方面的规律，施工技术方面的规律，施工程序方面和施工顺序等诸方面的固有规律。一定要遵循这些规律去组织施工生产，方能保证各项施工活动的正常有序进行。而施工项目管理工作过程也有本身的客观规律，是施工项目管理必须遵守的，贯穿全过程的。它包括系统原理、分工协作原理、动态原理、弹性原理、封闭原理和反馈原理等。为了实现施工过程中施工规律和管理规律的统一，施工项目管理应编制各项管理的程序性文件。承包人应牢牢把握总体性程序，据此建立和健全各重大环节的管理业务流程，并用严格的管理制度来保证这些流程的有效实施。

附录1

建设工程施工现场管理规定

(1991年12月5日中华人民共和国建设部第15号令发布)

第一章 总 则

第一条 为加强建设工程施工现场管理,保障建设工程施工顺利进行,制定本规定。

第二条 本规定所称建设工程施工现场,是指进行工业和民用项目的房屋建筑、土木工程、设备安装、管线敷设等施工活动,经批准占用的施工场地。

第三条 一切与建设工程施工活动有关的单位和个人,必须遵守本规定。

第四条 国务院建设行政主管部门归口负责全国建设工程施工现场的管理工作。国务院各有关部门负责其直属施工单位施工现场的管理工作。

县级以上地方人民政府建设行政主管部门负责本行政区域内建设工程施工现场的管理工作。

第二章 一般规定

第五条 建设工程开工实行施工许可证制度。建设单位应当按计划批准的开工项目向工程所在地县级以上地方人民政府建设行政主管部门办理施工许可证手续。申请施工许可证应当具备下列条件:

(一) 设计图纸供应已落实;

(二) 征地拆迁手续已完成;

(三) 施工单位以确定;

(四) 资金、物资和为施工服务的市政公用设施等已落实;

(五) 其他应当具备的条件已落实。

未取得施工许可证的建设单位不得擅自组织开工。

第六条　建设单位经批准取得施工许可证后,应当自批准之日起两个月内组织开工;因故不能按期开工的,建设单位应当在期满前向发证部门说明理由,申请延期。不按期开工又不按期申请延期的,已批准的施工许可证失效。

第七条　建设工程开工前,建设单位或者发包单位应当指定施工现场总代表人,施工单位应当指定项目经理,并分别将总代表人和项目经理的姓名及授权事项书面通知对方,同时报第五条规定的发证部门备案。

在施工过程中,总代表人或者项目经理发生变更的,应当按照前款规定重新通知对方和备案。

第八条　项目经理全面负责施工过程中的现场管理,并根据工程规模、技术复杂程度和施工现场的具体情况,建立施工现场管理责任制,并组织实施。

第九条　建设工程实行总包和分包的,由总包单位负责施工现场的统一管理,监督检查分包单位的施工现场活动。分包单位应当在总包单位的统一管理下,在其分包范围内建立施工现场管理责任制,并组织实施。

总包单位可以受建设单位的委托,负责协调该施工现场内由建设单位直接发包的其他单位的施工现场活动。

第十条　施工单位必须编制建设工程施工组织设计。建设工程实行总包和分包的,由总包单位负责编制施工组织设计或者分阶段施工组织设计。分包单位在总包单位的总体部署下,负责编制分包工程的施工组织设计。

施工组织设计按照施工单位隶属关系及工程的性质、规模、技术繁简程度实行分级审批。具体审批权限由国务院各有关部门和省、自治区、直辖市人民政府建设行政主管部门规定。

第十一条　施工组织设计应当包括下列主要内容：

（一）工程任务情况；

（二）施工总方案、主要施工方法、工程施工进度计划、主要单位工程综合进度计划和施工力量、机具及部署；

（三）施工组织技术措施，包括工程质量、安全防护以及环境污染防护等各种措施；

（四）施工总平面布置图；

（五）总包和分包的分工范围及交叉施工部署等。

第十二条　建设工程施工必须按照批准的施工组织设计进行。在施工过程中确需对施工组织设计进行重大修改的，必须报经批准部门同意。

第十三条　建设工程施工应当在批准的施工场地内组织进行。需要临时征用施工场地或者临时占用道路的，应当依法办理有关批准手续。

第十四条　由于特殊原因，建设工程需要停止施工两个月以上的，建设单位或施工单位应当将停工原因及停工时间向当地人民政府建设行政主管部门报告。

第十五条　建设工程施工中需要进行爆破作业的，必须经上级主管部门审查同意，并持说明使用爆破器材的地点、品名、数量、用途、四邻距离的文件和安全操作规程，向所在地县、市公安局申请《爆破物品使用许可证》，方可使用。进行爆破作业时，必须遵守爆破安全规程。

第十六条　建设工程施工中需要架设临时电网、移动电缆等，施工单位应当向有关主管部门提出申请，经批准后在有关专业技术人员指导下进行。

施工中需要停水、停电、封路而影响到施工现场周围地区的单位和居民时，必须经有关主管部门批准，并事先通告受影响的单位和居民。

第十七条　施工单位进行地下工程或者基础工程施工时，发现文物、古化石、爆炸物、电缆等应当暂停施工，保护好现场，并及时向有关部门报告，在按照有关规定处理后，方可继续施工。

第十八条　建设工程竣工后，建设单位应当组织设计、施工单位共同编制工程竣工图，进行工程质量评议，整理各种技术资料，及时完成工程初验，并向有关主管部门提交竣工验收报告。单项工程竣工验收合格的，施工单位可以将该单位工程移交建设单位管理。全部工程验收合格后，施工单位方可解除施工现场的全部管理责任。

第三章　文明施工管理

第十九条　施工单位应当贯彻文明施工的要求，推行现代管理方法，科学组织施工，做好施工现场的各项管理工作。

第二十条　施工单位应当按照施工总平面布置图设置各项临时设施。堆放大宗材料、成品、半成品和机具设备，不得侵占场内道路及安全防护等设施。

建设工程实行总包和分包的，分包单位确需进行改变施工总平面布置图活动的，应当先向总包单位提出申请，经总包单位同意后方可实施。

第二十一条　施工现场必须设置明显的标牌，标明工程项目名称、建设单位、设计单位、施工单位、项目经理和施工现场总代表人的姓名、开、竣工日期、施工许可证批准文号等。施工单位负责施工现场标牌的保护工作。

施工现场的主要管理人员在施工现场应当佩戴证明其身份的证卡。

第二十二条　施工现场的用电线路、用电设施的安装和使用必须符合安装规范和安全操作规程，并按照施工组织设计进行架设，严禁任意拉线接电。施工现场必须设有保证施工安全要求的夜间照明；危险潮湿场所的照明以及手持照明灯具，必须采用符合安全要求的电压。

第二十三条　施工机械应当按照施工总平面布置图规定的位

置和线路设置,不得任意侵占场内道路。施工机械进场必须经过安全检查,经检查合格的方能使用。施工机械操作人员必须建立机组责任制,并依照有关确定持证上岗,禁止无证人员操作。

第二十四条 施工单位应该保证施工现场道路畅通,排水系统处于良好的使用状态;保持场容场貌的整洁,随时清理建筑垃圾。在车辆、行人通行的地方施工,应当设置沟井坎穴覆盖和施工标志。

第二十五条 施工单位必须执行国家有关安全生产和劳动保护的法规,建立安全生产责任制,加强规范化管理,进行安全交底、安全教育和安全宣传,严格执行安全技术方案。施工现场的各种安全设施和劳动保护器具,必须定期进行检查和维护,及时消除隐患,保证其安全有效。

第二十六条 施工现场应当设置各类必要的职工生活设施,并符合卫生、通风、照明等要求,职工的膳食、饮水供应等应当符合卫生要求。

第二十七条 建设单位或者施工单位应当做好施工现场安全保卫工作,采取必要的防盗措施,在现场周边设立围护设施。施工现场在市区的,周围应当设置遮挡围栏,临街的脚手架也应当设置相应的围护设施。非施工人员不得擅自进入施工现场。

第二十八条 非建设行政主管部门对建设工程施工现场实施监督检查时,应当通过或者会同当地人民政府建设行政主管部门进行。

第二十九条 施工单位应当严格依照《中华人民共和国消防条例》的规定,在施工现场建立和执行防火管理制度,设置符合消防要求的消防设施,并保持完好的备用状态。在容易发生火灾的地区施工或者储存、使用易燃易爆器材时,施工单位应当采取特殊的消防安全措施。

第三十条 施工现场发生的工程建设重大事故的处理,依照《工程建设重大事故报告和调查程序规定》执行。

第四章　环　境　管　理

第三十一条　施工单位应当遵守国家有关环境保护的法律规定,采取措施控制施工现场的各种粉尘、废气、废水、固体废弃物以及噪声、振动对环境的污染和危害。

第三十二条　施工单位应当采取下列防止环境污染的措施:

(一) 妥善处理泥浆水,未经处理不得直接排入城市排水设施和河流;

(二) 除设有符合规定的装置外,不得在施工现场熔融沥青或者焚烧油毡、油漆以及其他会产生有毒有害烟尘和恶臭气体的物质;

(三) 使用密封式的圈筒或者采取其他措施处理高空废弃物;

(四) 采取有效措施控制施工过程中的扬尘;

(五) 禁止将有毒有害废弃物用作土方回填;

(六) 对产生噪声、振动的施工机械,应采取有效控制措施,减轻噪声扰民。

第三十三条　建设工程施工由于受技术、经济条件限制,对环境的污染不能控制在规定范围内的,建设单位应当会同施工单位事先报请当地人民政府建设行政主管部门和环境行政主管部门批准。

第五章　罚　　则

第三十四条　违反本规定,有下列行为之一的,由县级以上地方人民政府建设行政主管部门根据情节轻重,给予警告、通报批评、责令限期改正、责令停止施工整顿、吊销施工许可证,并可处以罚款:

(一) 未取得施工许可证而擅自开工的;

(二) 施工现场的安全设施不符合规定或者管理不善的;

(三)施工现场的生活设施不符合卫生要求的；

(四)施工现场管理混乱，不符合保卫、场容等管理要求的；

(五)其他违反本规定的行为。

第三十五条　违反本规定，构成治安管理处罚的，由公安机关依照《中华人民共和国治安管理处罚条例》处罚；构成犯罪的，由司法机关依法追究其刑事责任。

第三十六条　当事人对行政处罚决定不服的，可以在接到处罚通知之日起十五日内，向做出处罚决定机关的上一级机关申请复议，对复议决定不服的，可以在接到复议决定之日起向人民法院起诉；也可以直接向人民法院起诉。逾期不申请复议，也不向人民法院起诉，又不履行处罚决定的，由做出处罚决定的机关申请人民法院强制执行。

对治安管理处罚不服的，依照《中华人民共和国治安管理处罚条例》的规定处理。

第六章　附　则

第三十七条　国务院各有关部门和省、自治区、直辖市人民政府建设行政主管部门可以根据本规定制定实施细则。

第三十八条　本规定由国务院建设行政主管部门负责解释。

第三十九条　本规定自一九九二年一月一日起施行。原国家建工总局一九八一年五月十一日发布的《关于施工管理的若干规定》与本规定相抵触的，按照本规定执行。

附录 2

建设工程施工现场综合考评试行办法

第一章　总　则

第一条　为加强建设工程施工现场管理，提高施工现场的管理水平，实现文明施工，确保工程质量和施工安全，根据《建设工程施工现场管理规定》，制定本办法。

第二条　本办法所称施工现场，是指从事土木建筑工程、线路管道及设备安装工程、装饰装修工程等新建、扩建、改建经批准占用的施工场地。

所称建设工程施工现场综合考评，是指对工程建设参与各方（业主、监理、设计、施工材料及设备供应单位等）在施工现场中各种行为的评价。

第三条　建设工程施工现场的综合考评，要覆盖到每一个建设工程，覆盖到建设工程施工的全过程。

第四条　国务院建设行政主管部门归口负责全国建设工程施工现场综合考评的管理工作。

国务院各有关部门负责所直接实施的建设工程施工现场综合考评的管理工作。

县级以上（含县级）地方人民政府建设行政主管部门负责本行政区域内地方建设工程施工现场综合考评的管理工作。施工现场综合考评机构（以下简称考评机构）可在现有工程质量监督站的基础上，加以健全或充实。

第二章 考评内容

第五条 建设工程施工现场综合考评的内容,分为建筑企业的施工组织管理、工程质量管理、施工安全管理、文明施工管理和建设、监理单位等五个方面。综合考评满分为100分。

第六条 施工组织管理考评,满分为20分。考评的主要内容是合同签订及履约、总分包、企业及项目经理资质、关键岗位培训及持证上岗、施工组织设计及实施情况等。

有下列行为之一的,该项考评得分为零分:

(一)企业资质或项目经理资质与所承担的工程任务不符的;

(二)总包单位对分包单位不进行有效管理,不按照本办法进行定期评价的;

(三)没有施工组织设计或施工方案,或其未经批准的;

(四)关键岗位未持证上岗的。

第七条 工程质量管理考评,满分为40分。考评的主要内容是质量管理与保证体系、工程质量、质量保证资料情况等。

工程质量检查按照现行的国家标准、地方标准和有关规定执行。

有下列情况之一的,该项考评得分为零分:

(一)当次检查主要项目质量不合格的;

(二)当次检查主要项目无质量保证资料的;

(三)出现质量事故或严重质量问题。

第八条 施工安全管理考评,满分为20分。考评的主要内容是安全生产保证体系和施工安全技术、规范、标准的实施情况等。

施工安全管理检查按照国家现行的有关标准和规定执行。

有下列情况之一的,该项考评得分为零分:

(一)当次检查不合格的;

(二)无专职安全员的;

(三)无消防设施或消防设施不能使用的;

(四) 发生死亡或重伤二人以上(包括二人)事故的。

第九条　文明施工管理考评,满分为10分。考评的主要内容是场容场貌、料具管理、环境保护、社会治安情况等。

有下列情况之一的,该项考评得分为零分:

(一) 用电线路架设、用电设施安装不符合施工组织设计,安全没有保证的;

(二) 临时设施、大宗材料堆放严重不符合施工总平面图要求,侵占场道及危及安全防护的;

(三) 现场成品保护存在严重问题的;

(四) 尘埃及噪声严重超标,造成扰民的;

(五) 现场人员扰乱社会治安、受到拘留处理的。

第十条　业主、监理单位现场管理考评,满分为10分。考评和主要内容是有无专人或委托监理单位管理现场、有无隐蔽验收签认、有无现场检查认可记录及执行合同情况等。

有下列情况之一的,该项考评得分为零:

(一) 未取得施工许可证而擅自开工的;

(二) 现场没有专职管理技术人员的;

(三) 没有隐蔽验收签认制度的;

(四) 无正当理由严重影响合同履约的;

(五) 未办理质量监督手续而进行施工的。

第三章　考评办法

第十一条　建设工程施工现场的综合考评,实行考评机构定期抽查和企业主管部门或总包单位对分包单位日常检查相结合的办法。企业日常检查应按考评内容每周检查一次。考评机构的定期抽查每月不少于一次。一个施工现场有多个单体工程的,应分别按单体工程进行考评;多个单体工程过小的,也可以按一个施工现场考评。

全国建设工程质量和施工安全大检查的结果,作为建设工程施工现场综合考评的组成部分。

有关单位或群众对在建工程、竣工工程的管理状况及工程质量、安全生产的投诉和评价，经核实后，可作为综合考评得分的增减因素。

第十二条 建设工程施工现场综合考评，得分在70分以上(含70分)的施工现场为合格现场。当次考评达不到70分或有一项单项得分为零的施工现场为不合格现场。

第十三条 建设工程施工现场综合考评的结果，是建筑业企业、监理单位资质动态管理的依据之一。考评机构应按季度向相应的资质管理部门通报考评结果。

国务院各有关部门和省、自治区、直辖市人民政府建设行政主管部门在审查企业资质等级和进行企业资质年检时，应当把该企业施工现场综合考评结果作为考核条件之一。

第十四条 建筑业企业、监理单位资质管理部门在接到考评机构关于降低企业资质等级的处理意见后，应在一个月之内办理降级的手续。

被降低资质等级的建筑业企业、监理单位和被取消资格的项目经理、监理工程师，须在两年后经检查考评合格，方可申请恢复原资质等级。

第十五条 国务院各有关部门和省、自治区、直辖市人民政府建设行政主管部门应当在每年一月底前，将本部门、本地区一级建筑业企业、甲级监理单位上年度的施工现场综合考评结果，按照《建筑业企业(监理单位)施工现场综合考评结果汇总表》的要求报送建设部。

第十六条 一级建筑业企业、甲级监理单位的建设工程施工综合结果，由建设部按年度在行业内通报，并向社会公布。

对于当年无质量伤亡事故、综合考评成绩突出的建筑业企业、监理单位等予以表彰，并给予一定的奖励。

第十七条 各省、自治区、直辖市建设行政主管部门应当对本省(自治区、直辖市)的和在本行政区域内承建任务的外地二、三、四级建筑业企业，乙、丙级监理单位及业主和施工现场综合考评结果，在本省（自治区、直辖市）范围内向社会公布。

对于当年无质量伤亡事故、综合考评成绩突出的建筑业企业及监理单位等予以表彰，并给予一定的奖励。

第四章　罚　　则

第十八条　对于综合考评达不到合格的施工现场，由主管考评工作的建设行政主管部门根据责任情况，向建筑业企业或业主、监理单位提出警告。

对于一个年度内同一个施工现场发生两次警告的，根据责任情况，给予建筑业企业或业主或监理单位通报批评的处罚，给予项目经理、监理工程师通报批评的处罚。

对于一个年度内同一个施工现场发生两次警告的，根据责任情况，给予建筑业企业或业主或监理单位降低资质一级的处罚，给予项目经理、监理工程师取消资格的处罚，责令该施工现场停工整顿。

第十九条　对于本办法第九条由于业主原因，考评得分为零分的，第一次出现零分由当地建设行政主管部门提出警告；一年内出现二次得分为零分的，给予通报批评；一年内现三次零分的，责令该施工现场停工整顿。

第二十条　凡发生一起三级以上（含三级）或两起四级工程建设重大事故的，由当地建设行政主管部门根据责任情况，给予建筑业企业或监理单位降低资质一级的处罚；给予项目经理或监理工程师取消资格的处罚；业主责任者由所在单位给予当事者行政处分。情节严重构成犯罪的，由司法机关追究刑事责任。

第二十一条　建设行政主管部门做出处罚决定后，应及时将处罚决定书送交被处罚者。

第二十二条　综合考评监督扩检查人员不认真履行职责，对检查中发现的问题不及时处理或伪造综合考评结果的，由其所在单位给予行政处分。构成犯罪的，由司法机关依法追究刑事责任。

第二十三条　当事人对行政处罚决定不服的，可以在接到处罚通知之日起十五日内，向做出处罚决定机关的上一级机关申请复议，对复议决定不服的，可以在接到复议决定之日起十五日内向人民法院起诉；也可以直接向人民法院起诉。逾期不申请复议，也不向人民法院起诉，又不履行处罚决定的，由做出处罚决定的机关申请人民法院强制执行。

第五章　附　则

第二十四条　各试点城市(区、县)建设行政主管部门可以根据本办法制定实施细则，并报建设部备案。

第二十五条　对在中国境内承包工程的外国企业和台湾、香港、澳门地区建筑施工企业(承包商)的施工现场综合考评，参照本办法执行。

第二十六条　本办法由建设部负责解释。

第二十七条　本办法自发布之日起施行。

2 施工准备工作

2.1 施工准备工作的分类

2.1.1 按施工准备工作范围分类

按施工项目施工准备工作的范围不同,一般可分为全场性施工准备、单位工程施工条件准备和分部分项工程作业条件准备三种。

全场性施工准备是以一个施工工地为对象而进行的各项施工准备。其特点是施工准备工作的目的、内容都是为全场性施工服务的,它不仅要为全场性的施工活动创造有利条件,而且要兼顾单位工程施工条件的准备。

单位工程施工条件准备是以一个建筑物为对象而进行的施工条件准备工作。其特点是施工准备工作的目的、内容都是为单位工程施工服务的,它不仅为该单位工程的施工做好一切准备,而且要为分部分项工程做好施工准备工作。

分部分项工程作业条件的准备是以一个分部分项工程或冬雨期施工项目为对象而进行的作业条件准备。

2.1.2 按施工准备工作所处施工阶段分类

按施工项目所处的施工阶段不同,一般可分为开工前的施工准备和各施工阶段前的施工准备两种。

开工前的施工准备:它是在拟建工程正式开工之前所进行的一切施工准备工作。其目的是为施工项目正式开工创造必要的施工条件。它既可能是全场性的施工准备,又可能是单位工程施工条件的准备。

各施工阶段前的施工准备：它是在施工项目开工之后，每个施工阶段正式开工之前所进行的一切施工准备工作。其目的是为施工阶段正式开工创造必要的施工条件。如混合结构的民用住宅的施工，一般可分为地下工程、主体工程、装饰工程和屋面工程等施工阶段，每个施工阶段的施工内容不同，所需要的技术条件、物资条件、组织要求和现场布置等方面也不同，因此在每个施工阶段开工之前，都必须做好相应的施工准备工作。

综上所述，可以看出：不仅在施工项目开工之前要做好施工准备工作，而且随着施工的进展，在各施工阶段开工之前也要做好施工准备工作。施工准备工作既要有阶段性，又要有连贯性，因此施工准备工作必须有计划、有步骤、分期分阶段地进行，要贯穿施工项目整个建造过程的始终。

2.1.3　按施工准备工作性质内容分类

施工项目施工准备工作按其性质和内容，通常分为技术准备、物资准备、劳动组织准备、施工现场准备和施工场外准备。

2.2　施工前期准备

工程项目施工前期，特别是大型公共建筑工程施工前期的准备工作非常多，不仅涉及建筑企业内部的方方面面，而且要与社会诸多部门保持密切联系。作为总承包方既要派出得力人员对施工前期进行协调、规划，又要尽快与建设方及地方政府、主管部门和机关等协作单位建立密切的联系，以消除施工障碍，疏通施工渠道，提高准备工作效率，对施工创造一个和谐、融洽的内外部环境，同时也为工程的顺利开工和后续施工生产的顺利进行打下良好的基础。

2.2.1　外部单位的联系协调

2.2.1.1　与建设方和建设方代表的协调

施工准备前期，总承包方要向建设方和建设方代表通报工作情况，并与他们协商工作事项，商定议事规则及程序，确立例会制度。同时,总承包还要协助建设方办理开工前的各项审批手续及落实现场施工条件,并与建设方商定如施工场地不足而产生的占道、占地及外租场地,解决临时生产及生活用地,确定大型建筑施工机械,安装设备,临时周转库房,场地及大宗材料堆场和加工、运输方案等事宜。

2.2.1.2　与社会有关部门的协调

施工准备前期,总承包方要积极主动地与当地建委、公安、交通、街道、城管、市政、园林、环保、环卫、自来水公司、电力公司、热力公司、煤气公司、通讯公司等部门取得联系,向他们通报情况,征求他们的意见,了解政府及主管部门的最新管理规定和信息,按要求办理机关批准文件及手续,缴纳应交费用,制定相应的管理制度,使施工行为符合政府及主管部门的管理规定,以取得当地政府及主管部门的支持、信任和配合。

2.2.1.3　施工环境的协调

为了在施工过程中解决好"扰民、民扰"问题,必须在施工前期准备中搞好环境的协调。首先要做好施工现场周围环境的调查研究工作,掌握真实情况,增强工作的预见性、针对性和及时性,尽可能减少自然或人为的不利因素对正常施工造成影响。特别是当一些施工项目地处城市中特殊的位置、特别的环境时,如果不按有关方针、政策及规定事先做好相关的协调工作,施工很难启动。

2.2.1.4　与供应商、专业分包商的协调

总承包的大型公共建筑工程施工用的建筑材料及需安装的设备数量大、规格品种多、质量要求高、制造加工周期长,同时有些特殊专业施工需组织分包,这些是制约施工的关键因素之一。总承包在施工前期准备时,应对大宗材料、设备的采购方式、供应渠道、供货时间、供应商的选定做出妥当的安排和协调,对特殊专业分包商要择优选定确认。应与建设方一起和各专业分包商、供应商召开协调会,明确要求各分包商、供应商做好施工协作配合。或采取公开招标的方式择优选择和确定。

2.2.1.5 与设计单位的协调

施工准备前期,总承包方应会同建设单位与设计单位、地质勘察单位做好协调,落实施工图纸供应计划能否满足施工进度,研究施工地基处理、降水、基坑支护、结构安全、新技术应用、新工艺试验等重大方案和技术能否满足设计要求,通报施工组织设计中保证工期和质量的技术措施,征求设计单位的意见,争取与设计结合等。

2.2.2 施工现场环境的调查处理

为做好施工准备工作,除掌握有关施工项目的书面资料外,还应该进行施工项目的实地勘察和调查分析,获得有关数据的第一手资料,这对于编制一个科学的、先进合理的、切合实际的施工组织设计或称施工项目管理实施规划是非常必要的,因此,应做好以下方面的调查。

2.2.2.1 自然条件的调查

建设地区自然条件调查的主要内容有:地区水准点和绝对标高等情况;地质构造、土的性质和类别、地基土的承载力、地震级别和烈度等情况;河流流量和水质、最高洪水和枯水期的水位等情况;地下水位的高低变化情况,含水层的厚度、流向、流量、水质等情况;气温、雨、雪、风和雷电等情况;土的冻结深度和冬、雨期的期限等情况。

2.2.2.2 技术经济条件的调查

建设地区技术经济条件调查的主要内容有:地方建筑施工企业的状况;施工现场区域内的动迁状况;当地可利用的地方材料状况;国拨材料供应状况;地方能源和交通运输状况;地方劳动力和技术水平状况;当地生活供应、教育和医疗卫生状况;当地消防、治安状况和参加施工单位的力量状况等。

2.2.2.3 地下障碍物的调查与处理

位于城市内的施工项目,其建设区域范围往往有很多地下障碍物,若不调查清楚并及时处理,将严重影响施工进行,甚至在情况不清盲目开工时,会造成重大事故发生。作为总承包的施工方要尽早通过各种渠道调查了解施工区域地下情况，并绘制"地下障碍物综合图"，进而研究地下障碍物的拆除或处理方案。一般对地下各类管线，属废弃不用的采用切断处理，还在使用的做改线处理，与新建可能危及使用的做保护处理。对原有地下人防工程、地下室工程等建、构筑物原则上随同土方开挖拆除。

城市地下供电、供水、供气、人防及通讯等施工障碍物的拆除是一项政策性很强的工作，必须逐项提出书面申请并经行业主管部门审查批准并办理必需的手续后，由行业部门施工人员拆除或总承包协助行业部门拆除，严禁擅自处理。

2.2.3　承包合同文件的研究

在施工前期准备中，合同履行必须遵循实际履行与全面履行的原则，认真执行合同的每一条款。合同履行的过程即指完成整个合同规定施工任务的过程，涉及施工准备、施工、竣工、试运行、工程维修等内容。因此，在执行合同前，建筑业企业要组织相关人员和项目经理部全体人员认真分析和研究合同文件，掌握各合同条款的要点与内涵，重点研究合同中规定的进度控制条款、质量控制条款、工程费用控制条款和补充条款的一些特殊约定，明确承包方自身在合同履行中应承担的职责和义务，指导编制符合合同规定的项目管理实施规划或施工组织设计，以利执行"实际履行与全面履行"的合同履行原则。

2.2.4　提出施工准备工作计划

在施工前期准备中，外部单位的协调工作、施工现场的环境调查与分析、合同文件、设计文件的学习研究做到情况明、底数清。总体部署确定后，为了迅速落实各项施工准备工作，并加强对其检查与监督，必须根据各项施工准备工作的具体内容、时间和人员，编制施工准备工作计划，下达责任部门和责任人员执行。

施工准备工作计划如表2-1所示。

施工准备工作计划 表 2-1

序号	施工准备项目	简要内容	负责单位	负责人	起止日期				备注
					月	日	月	日	

2.3 施工技术准备

2.3.1 熟悉、审查施工图纸和相关设计资料

2.3.1.1 熟悉、审查施工图纸的依据

熟悉、审查施工图纸的依据包括：

1. 建设单位和设计单位提供的初步设计或扩大初步设计(技术设计)、施工图设计、建筑总平面图、土方竖向设计和城市规划等资料文件；

2. 调查、搜集的原始资料；

3. 设计、施工验收规范和有关技术规定。

2.3.1.2 熟悉、审查施工图纸的目的

熟悉、审查施工图纸的目的包括：

1. 为了能够按照施工图纸的要求顺利地进行施工，生产出符合设计要求的最终建筑产品(建筑物或构筑物)；

2. 为了能够在施工项目开工之前，使从事建筑施工技术和经营管理的工程技术人员充分了解和掌握设计图纸的设计意图、结构与构造特点和技术要求；

3. 通过审查发现设计图纸中存在的问题错误，使其改正在施工开始之前，为施工项目的施工提供一份准确、齐全的设计图纸。

2.3.1.3 熟悉、审查施工图纸内容

熟悉、审查施工图纸的内容包括：

1. 审查施工项目的地点、建筑总平面图同国家、城市或地区规划是否一致,以及建筑物或构筑物的设计功能和使用要求是否符合卫生、防火及美化城市方面的要求;

2. 审查施工图纸是否完整、齐全,心脏施工图纸和设计资料是否符合国家有关工程建设的设计、施工方面的方针和政策;

3. 审查施工图纸与说明书在内容上是否一致,以及施工图纸与其各组成部分之间有无矛盾和错误;

4. 审查建筑总平面图与其他结构图在几何尺寸、坐标、标高、说明等方面是否一致,技术要求是否正确;

5. 审查工业项目的生产工艺流程和技术要求,掌握配套投产的先后次序的相互关系,以及设备安装图纸与其相配合的土建施工图纸在坐标、标高上是否一致,掌握土建施工质量是否满足设备安装的要求;

6. 审查地基处理与基础设计同拟建工程地点的工程水文、地质等条件是否一致,以及建筑物或构筑物与地下建筑物或构筑物、管线之间的关系;

7. 明确施工项目的结构形式和特点,复核主要承重结构的强度、刚度和稳定性是否满足要求,审查施工图纸中工程复杂、施工难度大和技术要求高的分部分项工程或新结构、新材料、新工艺,检查现有施工技术水平和管理水平能否满足工期和质量要求,并采取可行的技术措施加以保证;

8. 明确建设期限、分期分批投产或交付使用的顺序和时间,以及施工项目所需主要材料、设备的数量、规格、来源和供货日期;

9. 明确建设、设计、监理和施工等单位之间的协作、配合关系,以及建设单位可以提供的施工条件。

2.3.1.4 熟悉、审查施工图纸的程序

熟悉、审查施工图纸的程序通常分为自审阶段、会审阶段和现场会签三个阶段。

1. 施工图纸的自审阶段。施工单位收到施工项目的施工图纸和有关技术文件后,应尽快地组织有关工程技术人员对图纸进

行熟悉,写出自审图纸的记录。自审图纸的记录应包括对设计图纸的疑问和对设计图纸的有关建议等。

2. 施工图纸的会审阶段。一般由建设单位主持,由设计单位、施工单位和监理单位参加,四方共同进行设计图纸的会审。图纸会审时,首先由设计单位的工程主设计人向与会者说明拟建工程的设计依据、意图和功能要求,并对特殊结构、新材料、新工艺和新技术提出设计要求;然后施工单位根据自审记录以及对设计意图的了解,提出对施工图纸的疑问和建议;最后在统一认识的基础上,对所探讨的问题逐一地做好记录,形成“图纸会审纪要”,参加单位共同会签、盖章,由建设单位正式行文,作为与设计文件同时使用的技术文件和指导施工的依据,以及建设单位与施工单位进行工程结算的依据。

3. 施工图纸的现场签证阶段。在拟建工程施工的过程中,如果发现施工的条件与设计图纸的条件不符,或者发现图纸中仍然有错误,或者因为材料的规格、质量不能满足设计要求,或者因为施工单位提出了合理化建议,需要对施工图纸进行及时修订时,应遵循技术核定和设计变更的签证制度,进行图纸的施工现场签证。如果设计变更的内容对拟建工程的规模、投资影响较大时,要报请项目的原批准单位批准。在施工现场的图纸修改、技术核定和设计变更资料,都要有正式的文字记录,归入拟建工程施工档案,作为指导施工、工程结算和竣工验收的依据。

2.3.2 分析、归纳、收集的各类原始资料

项目施工技术准备过程中,要将所有前期收集到的第一手原始资料,包括:合同条件、设计条件、施工验收规范和技术规定,采用的标准图图集、施工现场的自然条件、技术经济条件、地下地上障碍情况的环境条件,在前期协调中掌握的建设方能提供的工作程序、施工占地、能源解决条件、社会环境条件、材料订货采购分工,政府相关管理部门的管理规定、最新信息、可提供的支持与帮助等,结合技术准备的开展进行综合分析、分类归纳,并作为依据纳入拟编制的项目施工技术经济管理文件之中。

2.3.3　编制施工预算

施工预算是根据中标后的合同价、施工图纸、施工组织设计或施工方案、施工定额等文件进行编制的，它直接受中标后合同价的控制。它是建筑业企业内部控制各项成本支出、考核用工、“两算”对比、签发施工任务单、限额领料、基层进行经济核算的依据。

2.3.4　编制施工组织设计

中标后的施工组织设计是施工准备工作的重要组成部分，也是指导施工现场全部生产活动的技术经济文件。建筑施工生产活动的全过程是非常复杂的物质财富再创造的过程，为了正确处理人与物、主体与辅助、工艺与设备、专业与协作、供应与消耗、生产与储存、使用与维修以及它们在空间布置、时间排列之间的关系，必须根据拟建工程规模、结构特点和建设单位的要求，在原始资料调查分析的基础上，编制出一份能切实指导该工程全部施工活动的科学方案(施工组织设计)。

2.4　施工物资准备

材料、构(配)件、制品、机具和设备是保证施工顺利进行的物质基础，这些物资的准备工作必须在工程开工之前完成。根据各种物资的需要量计划，分别落实货源，安排运输和储备，使其满足连续施工的要求。

2.4.1　物资准备工作的内容

物资准备工作主要包括建筑材料的准备，构(配)件和制品的加工准备，建筑安装机具的准备和生产工艺设备的准备。

2.4.1.1　建筑材料的准备

建筑材料的准备主要是根据施工预算进行分析，按照施工进度计划要求，按材料名称、规格、使用时间、材料储备定额和消耗定额进行汇总，编制出材料需要量计划，为组织备料、确定仓库、场地堆放所需的面积和组织运输等提供依据。

2.4.1.2 构(配)件、制品的加工准备

根据施工预算提供的构(配)件、制品的名称、规格、质量和消耗量,确定加工方案、供应渠道及进场后的储存地点和方式,编制出其需要量计划,为组织运输、确定堆场面积等提供依据。

2.4.1.3 建筑安装机具的准备

根据采用的施工方案、安排的施工进度,确定施工机械的类型、数量和进场时间,确定施工机具的供应办法和进场后的存放地点和方式,编制建筑安装机具的需要量计划,为组织运输、确定堆场面积等提供依据。

2.4.1.4 生产工艺设备的准备

按照施工项目工艺流程及工艺设备的布置图,提出工艺设备的名称、型号、生产能力和需要量,确定分期分批进场时间和保管方式,编制工艺设备需要量计划,为组织运输、确定堆场面积提供依据。

2.4.2 物资准备工作的程序

物资准备工作的程序是搞好物资准备的重要手段。通常按如下程序进行:

1. 根据施工预算、分部(项)工程施工方法和施工进度的安排,拟定国拨材料、统配材料、地方材料、构(配)件及制品、施工机具和工艺设备等物资的需要量计划;

2. 根据各种物资需要量计划,组织货源,确定加工、供应地点和供应方式,签订物资供应合同;

3. 根据各种物资的需要量计划和合同,拟定运输计划和运输方案;

4. 按照施工总平面图的要求,组织物资按计划时间进场,在指定地点,按规定方式进行储存或堆放。

2.5 施工劳动组织准备

劳动组织准备的范围既有整个建筑施工企业的劳动组织准

备,又有大型综合的拟建建设项目的劳动组织准备,也有小型简单的拟建单位工程的劳动组织准备。这里仅以一个施工项目为例,说明其劳动组织准备工作的内容。

2.5.1　建立施工项目的领导机构

施工组织领导机构的建立应根据施工项目的规模、结构特点和复杂程度,确定项目施工的领导机构人选和名额,坚持合理分工与密切协作相组合,把有施工经验、有创新精神、有工作效率的人选入领导机构,认真执行因事设职、因职选人的原则。

2.5.2　建立精干的施工队组

施工队组的建立要认真考虑专业、工种的合理配合,技工、普工的比例要满足合理的劳动组织,要符合流水施工组织方式的要求,确定建立施工队组(是专业施工队组,还是混合施工队组)要坚持合理、精干的原则,同时制定出该项目的劳动力需求量计划。

2.5.3　集结施工力量、组织劳动力进场

工地领导机构确定之后,按照开工日期和劳动力需要量计划,组织劳动力进场。同时要进行安全、防火和文明施工等方面的教育,并安排好职工的生活。

2.5.4　向施工队组、工人进行施工组织设计、计划、技术交底

施工组织设计、计划和技术交底的目的是把施工项目的设计内容、施工计划和施工技术等要求,详尽地向施工队组和工人讲解交待。这是落实计划和技术责任制的好办法。

施工组织设计、计划和技术交底的时间在单位工程或分部(项)工程开工前及时进行,以保证项目严格地按照设计图纸、施工组织设计、安全操作规程和施工验收规范等要求进行施工。施工组织设计、计划和技术交底的内容有:项目的施工进度计划、月(旬)作业计划;施工组织设计,尤其是施工工艺、质量标准、安全技术措施、降低成本措施和施工验收规范的要求;新结构、新材料、新技术和新工艺的实施方案和保证措施;图纸会审中所确定的有关部位的设计变更和技术核定等事项。交底工作应该按照管理系统

逐级进行,由上而下直到工人队组。交底的方式有书面形式、口头形式和现场示范形式等。

施工队组、工人接受施工组织设计、计划和技术交底后,要组织其成员进行认真的分析研究,弄清关键部位、质量标准、安全措施和操作要领。必要时应该进行示范,并明确任务及做好分工协作,同时建立健全岗位责任制和保证措施。

2.5.5 建立健全各项管理制度

工地的各项管理制度是否建立、健全,直接影响其各项施工活动的顺利进行。有章不循其后果是严重的,而无章可循更是危险的。为此必须建立、健全工地的各项管理制度。通常,其内容包括:工程质量检验与验收制度;工程技术档案管理制度;建筑材料(构件、配件、制品)的检查验收制度;技术责任制度;施工图纸学习与会审制度;技术交底制度;职工考勤、考核制度;工地及班组经济核算制度;材料出入库制度;安全操作制度;机具使用保养制度等。

2.6 施工现场准备

2.6.1 实施施工现场的测量定位

按照设计单位提供的建筑总平面图及接收施工现场时建设方称交的施工场地范围、规划红线桩、工程控制坐标桩和水准基桩进行施工现场的测量与定位。场区测量的主要任务为:

1. 规划红线桩的交接与管理;
2. 红线桩检核复测及引桩测量与保护;
3. 测设场区永久性坐标和水准控制基桩与保护;
4. 测设建筑物单位工程施工测量平面控制网;
5. 测设建筑物单位工程施工测量高程控制点;
6. 测设单位工程轴线控制桩进行定位测量;
7. 城市中临街平行交通干道的轴线桩定位及报城市勘绘院复测批准;

8. 引测临设工程的建筑、管线的放线定位。

2.6.2 组织施工现场的"五通一平"

2.6.2.1 施工临时用水

施工临时用水包括施工现场施工用水、生活用水和消防用水。为使施工现场临时供水系统及时安装，确保施工临时用水的需要，总承包方要抓住以下几方面工作：

1. 做好水资源调查。总承包方通过向建设方、当地的自来水公司、自来水管网所等单位了解施工现场周围自来水管道的布置、走向、管径、埋设深度及自来水压力等情况，做到心中有数。

2. 确定施工用水参数。总承包方根据建设工程规模、特点及施工区段的划分与施工安排，并结合消防要求，计算确定临时用水参数，制定一个全面的切实可行的施工供水方案。

3. 履行报批手续。用自来水作为施工用水的建设工程，按规定由建设方向当地自来水公司履行报批手续，在建设方交纳水资源费用并经批准后才能现场使用。作为施工方不能因此而等待，在掌握这一原则的前提下，积极督促此项工作的实施。

4. 施工安装。按常规，经报批的施工现场的临时供水，用总水表由当地自来水公司所属施工单位从市政自来水管网接入建筑红线内，并砌筑相应的水表井。总承包方负责总水表以下的管线及水表安装，在安装中应注意以下问题：北方寒冷地区的供水管道应埋在冰冻线以下，水表、闸门、消火栓应按规定设小室；供水管网应呈环状布置，为便于管理，在环状管网上设置若干闸门；为节约用水，施工用水实行分区管理，在伸向每一施工区的管径上单独安装水表计量；对于高于自来水压力可供高度的公共建筑部分，要考虑分区增设加压水箱和水泵，以解决施工和消防用水问题；在平面或竖向敷设临时供水管网，应按消防规定设置消火栓，以确保工程建设期间施工消防的需要。

2.6.2.2 施工临时用电

施工现场临时用电包括生活用电和施工用电。特大型公共建筑工程施工期间的临时供电宜抓住以下环节：

1. 确定临时供电参数。总承包方要根据工程规模、建设工期、施工高峰期参加施工的单位及人员的数量、大型机械设备的配备等情况,确定工程建设期间不同时期的主要用电量,尤其是施工高峰时的用电量。位于城市,尤其是位于城市中心地带的特大型公共建筑工程往往因施工场地较小,施工用的加工场地和施工人员生活区大部分需另择场地解决,因此,在确定供电参数时还应考虑这一部分用电量,以保证施工用电。

2. 履行报批手续。特大型公共建筑工程施工用电量较大,临时供电复杂,一般需在施工现场设立变电站。总承包方应将经过分析预测的施工用电参数函送建设方,由建设方按规定向当地供电部门提出用电申请,在建设方交纳电资源费用并经供电部门批准后,方可进行施工现场供电设备及线路的安装。

从当地供电网接入施工现场的供电线路及临时变电站设备的安装可由供电单位施工,也可由建设方委托有相应施工资质的单位施工。临设变电站设备及与供电网连接线路安装完毕后,由建设方与供电部门签订代维护协议,施工现场临设变电站的日常管理工作可由建设方委托总承包方负责。

3. 施工现场临时供电预先安排。一是报批手续的办理及设备采购安装需较长的时间;二是特大型公共建筑工程往往前期准备工作时间短,正式施工投入快,要求施工现场有相应的临电投入使用。因此,总承包方与建设方宜尽早考虑施工临时供电问题,尽可能结合拆迁的具体情况,确定变配电站的位置,使临时变配电站基础工程尽早进行施工,为设备及线路安装创造条件。施工现场变配电站设置位置应考虑施工分区的均衡性,为日后的用电管理及节约电资源创造条件。

4. 临时低压电路的敷设及电箱的安装。用于施工现场临时供电的低压电路电缆及配电箱,应充分考虑其容量和安全性。低压电路的走向可选择受施工影响小和相对安全的地段采用直埋方式敷设。在穿过道路、门口或上部有重载的地段时,可加套管予以保护。在有条件的地方,低压电路可采用双路敷设,确保施工用电。施工现场低压配电箱安装的位置、数量要与施工分区、大型施工设备的分布相结合,并尽可能安装电表,以便分区计量、分区管理,节约用电。

2.6.2.3 施工临时道路

位于市区的大型公共建筑工程施工期间的通行往往受周围已有建(构)筑物的制约,形不成四通八达的局面,而大型公共建筑工程施工期间的运输量较大,对施工用临时道路有较高的要求,因此,施工用临时道路的布置及施工既要因地制宜又要符合有关规定要求。

1. 施工道路

有条件的特大型公共建筑工程施工现场的临时道路应尽可能呈环状布置,以利于运输车辆将施工用材料或设备运至指定地点卸货,缩短车辆滞留施工现场的时间,提高施工道路通行的效率。施工道路的宽度至少应满足消防车通行的需要。道路构造应具备单车最大载荷承压的能力,路面选择既要满足道路通行又要考虑施工现场文明施工的需要,主要干道可采用沥青路面、现浇混凝土路面、预制混凝土方砖路面等。为避免其他裸露的施工场地风吹扬尘,可采用水、碎石等表面处理措施予以解决。

2. 道路路口

施工现场施工道路路口的设置应根据工程施工分区和施工现场外部道路情况确定。施工道路路口是连接施工现场道路与施工现场外部道路的路段,路面连接应平顺,施工用材料可以与现场施工用材料相同,也可以用与外部连接道路相同的材料。如果道路路口施工需拆除部分原有路段,应事先与当地道路管理部门联系,并经批准同意后才能施工。

2.6.2.4 施工用通讯

特大型公共建筑工程施工期间参与单位多、涉及面广,无论是前期现场准备还是以后的施工期间都有很多事情需及时联系,因此,总承包方对施工用通讯应予以重视。位于城市的特大型公共建筑工程施工,往往在拟建工程范围内使用原有通讯电话系统,总承包方可及时与建设方联系。在工程拆迁前保留部分电话,以便总承包方在进场前就有电话使用。随着现场工程临时设施的搭建,可及时将电话迁入施工现场,以开展正常的对外联系。此外,总承包方针对工作的需要,可以配备部分移动通讯及传呼或对讲机等现代化通讯工具。多种类、不同形式的轻便、快捷通讯工具能及时传送施工信息,解决施工问题,是确保特大型公共建筑工程施工顺利进行的重要手段。

2.6.2.5 施工现场生活用气

位于城市,尤其是位于城市市区的特大型公共建筑工程虽然施工用地狭小,但为便于工程施工组织及管理,总承包方的管理机构往往设于施工现场。施工现场管理人员的后勤保障及施工人员饮用水及部分施工用热水等采用什么燃料予以解决,总承包方要结合实际加以选择。为满足当地环保部门要求,改善当地大气质量,有条件的总承包方应选择洁净的天然气或煤气作为施工现场用燃料。施工用气应当向当地供气部门履行报批手续,经批准后才能使用。生活用的灶具、锅炉及管道安装可由当地供气部门施工,也可由总承包方选择有相应施工资质的施工单位施工。燃气系统安装完成后,必须经试压验收后才能投入使用,使用期间宜设专人管理,确保用气安全。

2.6.2.6 施工场地平整

总承包方进行施工场地平整前应做全面考虑,施工场地平整应与施工现场临时管线埋设、施工道路布置、施工现场临时设施搭建相结合。

1. 测量方格网

一般特大型公共建筑工程占地面积大,其原始地形地貌高低不平,不能满足施工需要,总承包方要组织人员对原状地形地貌进行测量,并绘制方格网,计算现场土石方挖填量,确定场地平整方案。

2. 确定场地平整度

施工现场场地平整应与特定的地形地貌相结合,要与建筑设计相结合,并有利于施工现场与外部的通行及施工现场地表水的排放。

3. 掌握现场地下障碍物分布情况

由于历史的原因,一些特大型公共建筑工程拟建场地往往有地下人防、建筑物地下室等施工障碍工程,总承包方一定要调查了解清楚,并在场地平整时做适当处理,不要形成盲坑、盲沟,给后续进场的施工机械及施工人员埋下隐患。

4. 配备适当的人员及机具。特大型公共建筑工程场地平整往往量大而复杂,而且时间紧。总承包方要根据场地平整的特点配备足够的人员及机械设备,在计划工期内完成场地平整任务,为工程正式施工创造条件。

施工现场的"三通一平"或"五通一平",按建设分工应由建设方完成,但大型工程或委托施工总承包的工程,由于现场准备工作量大而复杂,加上建设方短期未组成相应的管理机构及另择合适的施工队伍,因此,建设方常将现场准备的全部或部分委托给总承包方完成。总承包方应签订施工准备工作协议书,并做好人、财、物的准备,承担起责任。

2.6.3 施工现场的补充勘探和新技术试验

按照设计图纸和施工组织设计的具体要求,在现场施工准备中,依据工程施工需要,要做好补充勘探和新技术试验,如:为了进一步探寻施工现场地下有无枯井、洞穴、古墓、暗沟和管道等隐蔽物,需做一些必要的补充勘探,取得资料,以便及时拟定处理方案并实施;还有如:桩基工程为了校核设计单桩承载力,需做试验桩进行压、拔桩试验,取得试验数据,调整设计。这些现场准备都是为了工程开工后的正常施工创造有利的条件。

2.6.4 施工现场搭建临时设施

施工临时设施包括生活办公设施和生产设施两方面,在城市建设工程中,能提供的施工场地往往很少,施工现场除设置必要数量的生活办公设施及生产设施外,大部分需要外租场地解决或用临时征占土地解决。

2.6.4.1 施工需用的征地

在城市,施工用征地要实事求是、科学合理、统筹兼顾,既能满足施工基本需要,又能方便社会行人交通的要求。一般在承包方提出要求后,往往由建设方提出申请,报当地规划管理部门审批,按规定交纳临时占地费并取得《临时用地许可证》,可获得临时用地合法资格。如果临时用地征用占有人行步道或绿地时,还需报当地交通管理部门或园林管理部门批准后才能占用。

2.6.4.2 临时设施的搭建

施工现场临时设施的搭建方案,应首先满足交通、消防及施工用机械、材料周转场地的前提下严格按设计批准的施工现场总平面图布置进行。在施工场地十分紧张的情况下,应本着确保急需、压缩规模、集中建设的原则进行考虑。当确定了临时设施方案后,施工承包单位需经建设方确认在当地规划管理部门履行申报批准手续并取得《临时建设工程许可证》后,才能进行临时设施的施工。临时设施主要包括:

1. 临时围墙和大门

在满足当地施工现场文明施工要求的情况下,沿施工临时征地范围边线用硬质材料围护,高度不低于1.8m,并按企业CI标准做适当装饰及宣传,大门以方便通行、便于管理为原则,一般设钢制双扇大门,并设固定岗亭,便于门卫值勤。

2. 生活及办公用房

按照施工总平面布置图的要求搭建,现一般采用盒子结构、轻钢结构、轻体保温活动房屋结构形式,它既广泛适用于现场建多层建筑、方便施工,又坚固耐用、便于拆除周转使用。

3. 临时厕所

应按当地有关环卫规定搭建,厕所需配化粪池,污水排放可办理排污手续,利用市政排污管网排放。无管网可利用时,化粪池的清理及排放可委托当地环卫部门负责管理。

4. 临时食堂

应按当地卫生、环保规定搭建并解决好污水排放控制和使用清洁燃料,一般均设置简易有效的隔油池和使用煤气、天然气等清洁燃料,不得不使用煤炭时,应采用低硫煤和由环保批准搭建的无烟回风灶来解决大气污梁。

5. 生产设施

包括搅拌机棚、塔吊基础、各类加工车间及必需的仓库、棚的搭建及临时水、电线路埋设。要严格按照总平面图的布置和构造设计规定搭建。遵守安全和防火规范的标准及装表计量的要求。

6. 场区道路和排水

施工道路布置既要因地制宜又要符合有关规定要求,尽可能是环状布置。宽度应满足消防车通行需要。道路构造应具备单车最大承重力。场地应设雨水排放明沟或暗沟解决场内排水。一般情况下,道路路面和堆料场地均作硬化处理。

2.6.4.3　临时设施的管理规定

施工现场临时设施的搭建使用要按围墙的长度和临时建筑的建筑面积交纳临时工程费。批准使用年限一般不超过两年,如确需延长使用期的,应在期满前两个月向当地规划部门提出延期申请,经批准并办理相关手续后,才可继续使用。使用期内,不得改变临时设施使用性质。当使用期满或工程结束后应及时拆除清理、恢复原地貌。

2.6.5　安装、调试施工机具

按照施工机具需要量计划,分期分批组织施工机具进场,根据施工总平面布置图将施工机具安置在规定的地点或存贮的仓库内。对于固定的机具要进行就位、搭防护棚、接电源、保养和调试等工作。对所有施工机具都必须在开工之前进行检查和试运转。

2.6.6　组织材料、构配件制品进场储存

按照材料、构配件、半成品的需要量计划组织物资、周转材料进场,并依据施工总平面图规定的地点和指定的方式进行储存和定位堆放。同时按进场材料的批量,依据材料试验、检验要求,及时采样提供建筑材料的试验申请计划,严禁不合格的建材存贮现场。

2.6.7 做好冬、雨期施工安排和准备

按照施工组织设计的要求，在冬、雨期前认真落实冬、雨期施工的临时设施、需要物资、劳力和技术措施。

2.6.8 设置消防、保安设施

按照施工组织设计要求，根据施工总平面图布置建立消防、保安等组织机构和有关规章制度，布设安排好消防、保安等设施，落实好具体措施。

2.6.9 办理工程开工手续

当施工现场施工准备工作全部完成，完全具备开工和连续施工的条件，同时，材料的加工及订货、专业分包的选定、分包合同已经签订后，应及时办理开工手续申请开工，并报主管部门批准。其办理手续如下：

1. 取得规划部门颁发的建设工程规划许可证；
2. 取得建设主管部门颁发的建设工程许可证；
3. 完成工程质量监督报验手续；
4. 填报单位、监理单位办理企业内部开工申请表，上报企业主管部门检查；
5. 填报建设建筑工程开工报告，获得批准后，按批准指令日期组织正式开工；
6. 及时办理承包方入场前的各种手续，进入正常施工。

综上所述，各项施工准备工作不是分离的、孤立的，而是互为补充、相互配合的。为了提高施工准备工作的质量，加快施工准备工作的速度，除了施工单位要高度重视、领导挂帅，组织各专业部门有能力的工程技术人员积极配合和服务于项目经理部的施工准备管理工作外，还必须加强与建设、设计、监理、政府主管和职能部门的密切协作和协调，建立健全施工准备工作的责任制度和检查考核制度，使施工准备工作有领导、有组织、有计划分批地进行，进而贯穿施工全过程的始终。

附录

施工项目管理实施规划编制大纲

一、施工项目管理实施规划必须由项目经理组织项目经理部在工程开工之前编制完成。

二、编制项目管理实施规划应遵循以下依据：

1. 上级编制的项目管理规划大纲；
2.《施工项目管理目标责任书》；
3. 签订的施工合同；
4. 项目经理部的自身条件及管理水平；
5. 项目管理责任书,项目经理部收集掌握的其他信息。

三、施工项目管理实施规划应包括以下内容：

1. 工程概况和管理目标描述；
2. 施工部署；
3. 施工方案；
4. 施工进度计划；
5. 资源供应计划；
6. 施工准备工作计划；
7. 施工平面布置图；
8. 施工技术组织措施计划；
9. 项目风险管理规划；
10. 技术经济指标评价及分析。

3 施工进度计划管理与进度控制

3.1 施工进度计划的概念和分类

3.1.1 施工进度计划的概念

施工进度计划是施工现场各项施工活动在时空上的体现。编制施工进度计划就是根据施工中的施工方案和工程开展程序,对全工地所有的工程项目做出时空上的安排。其作用在于确定各个施工项目及其主要工程工种,准备工作和全工程的施工期限及开竣工日期,从而确定建筑施工现场上的劳动力、材料、成品、半成品、施工机具的需要数量和调配情况,以及现场临时设施的数量、水电供应数量和能源交通需要数量等等。因此,正确地编制施工进度计划是保证建设项目按期交付使用,充分发挥投资效益,降低建筑工程成本的重要条件。

3.1.2 施工进度计划的分类

施工进度计划按编制时间、编制对象、编制内容的不同进行分类,有以下几种情况:

3.1.2.1 按编制时间不同分类

施工进度计划按编制时间不同可分为:年度项目施工进度计划、季度项目施工进度计划、月项目施工进度计划、旬日项目施工进度计划四种。

3.1.2.2 按编制对象的不同分类

施工进度计划按编制对象的不同可分为:施工总进度计划、单位工程进度计划、分阶段工程进度计划、分部分项工程进度计划四种。

1. 施工总进度计划

施工总进度计划是以一个建设项目或一个建筑群体为编制对象,用以指导整个建设项目或建筑群体施工全过程进度控制的指导性文件。施工总进度计划一般在总承包企业的总工程师领导下进行编制。

2. 单位工程进度计划

单位工程进度计划是以一个单位工程为编制对象,在项目总进度计划控制目标的原则下,用以指导单位工程施工全过程进度控制的指导性文件。单位工程施工进度计划一般在施工图设计完成后,单位工程开工前,由项目经理组织,在项目技术负责人领导下进行编制。

3. 分阶段工程进度计划

分阶段工程进度计划是以工程阶段目标(例如:+0.00 以下阶段;主体结构施工阶段;外装施工阶段;内装施工阶段;设备安装阶段;调试阶段;室外庭院;道路施工阶段等等)为编制对象,用以实施其施工阶段过程进度控制的文件。分阶段工程进度计划一般是与单位工程进度计划同时进行,由专业负责的专业工程师进行编制。

4. 分部分项工程进度计划

分部分项工程进度计划是以分部分项工程为编制对象,用以具体实施操作其施工过程进度控制的专业性文件,在分阶段工程进度计划控制下,由负责分部分项的工长进行编制。

施工总进度计划、单位工程进度计划、分阶段工程进度计划、分部分项工程进度计划有以下关系:施工总进度计划是对整个施工项目的进度全局性的战略部署,其内容和范围比较广泛概括;单位工程进度计划是在施工总进度计划的控制下,以施工总进度计划和单位工程的特点为依据编制的;分阶段工程进度计划是以单位工程进度计划和分阶段的具体目标要求编制的,把单位工程内容具体化;分部分项工程进度计划是以总进度计划、单位工程进度计划、分阶段工程进度计划为依据编制的,针对具体的分部分项工程,把进度控制进一步具体化可操作化,是专业工程具体安排控制的体现。

3.1.2.3 按编制内容的繁简程度不同分类

施工进度计划按编制内容不同可分为:完整的项目施工进度计划和简单形式的施工进度计划。完整的项目施工进度计划对于工程规模大,结构装修复杂,交叉施工复杂,技术要求高,采用新技术、新材料和新工艺的施工项目,必须编制内容详尽的完整施工进度计划。对于工程规模小,施工简单,技术要求不复杂的施工项目,可编制一个内容简单的施工项目进度计划。

3.2 施工进度计划的编制要求和原则

3.2.1 施工进度计划编制的基本要求

项目施工进度计划编制的基本要求:保证拟建工程在规定的期限内完成,实现计划工期(合同工期)的要求,迅速发挥投资效益;使施工过程顺序合理,衔接关系适当;实现施工的连续性和均衡性,节约施工费用。

3.2.2 施工进度计划编制的基本原则

对施工过程进度动态控制,必须要结合具体工程进行科学的安排,因此,要遵循以下基本原则:

3.2.2.1 贯彻国家方针政策

认真贯彻国家和地方对工程建设的各项方针政策,严格执行法定工程建设程序,施工阶段应该在设计阶段结束后和施工准备完成后方可正式开始进行。如果违背建设程序,就会给施工带来混乱,造成时间上的浪费,资源上的损失,质量上的低劣等后果。执行施工许可证制度和工程竣工验收备案制度,准确地确定工程项目的开竣工日期。

3.2.2.2 坚持合理施工程序和施工顺序

遵循建筑施工工艺及其技术规律,坚持合理的施工程序和施工顺序。项目产品及其生产，有其本身的客观规律。这里既有施工工艺及其技术方面的规律，也有施工程序和施工顺序方面的规律。遵循这些规律去组织施工，就能保证各项施工活动的紧密衔接和相互促进，充分利用资源，确保工程质量，加快施工速度，缩短工期。

施工工艺及其技术规律，是分部（项）工程固有的客观规律。例如：钢筋加工工程，其工艺顺序是钢筋调直、除锈、下料、弯曲和成型，其中任何一道工序也不能省略或颠倒，这不仅是施工工艺要求，也是技术规律要求，因此，在编制施工进度计划过程中，必须遵循施工工艺及其技术规律。

施工程序和施工顺序是施工过程中的固有规律。施工活动是在同一场地、不同空间、同时或前后交错搭接地进行，前面的工作完不成，后面的工作就不能开始。这种前后顺序是客观规律决定的，而交错搭接则是计划决策人员争取时间的主观努力，所以组织项目施工过程必须科学地安排施工程序和施工顺序。

施工程序和施工顺序是随着施工的规模、性质、设计要求、施工条件和使用功能的不同而变化的，但是经验证明其仍有可供遵循的共同规律。

1．施工准备与正式施工的关系

施工准备之所以重要，是因为它是后续施工活动能够按时开始的充分且必要的条件。准备工作没有完成就贸然开工，不仅会引起工地的混乱，而且还会造成资源的浪费。因此，安排施工程序的同时，首先安排其相应的准备工作。

2．全场性工程与单位工程的关系

在正式施工前，应该首先进行全场性工程的施工，然后按照工程排队的顺序，逐个地进行单位工程的施工，例如：平整场地、架设电线、敷设管网、修建铁路、修筑公路等全场性的工程均应在施工项目正式开工之前完成。这样就可以使这些永久性工程在全面施工期间为工地的供电、给水、排水和场内外运输服务，不仅有利于文明施工，而且能够获得可观的经济效益。

3. 场内与场外的关系

在安排架设电线、敷设管网、修建铁路和修筑公路的施工程序时,应该先场外后场内;由远而近;先主干后分支;排水工程要先下游后上游。这样既能保证工程质量,又能加快施工速度。

4. 地下与地上的关系

在处理地下工程与地上工程的关系时,应遵循先地下后地上和先深后浅的原则。对于地下工程要加强安全技术措施,保证其安全施工。

5. 主体结构与装饰工程的关系

一般情况下,主体结构施工在前,装饰工程施工在后。当主体结构工程施工进展到一定程度之后,为装饰工程的施工提供了工作面时,装饰工程施工可以穿插进行。当然,随着建筑产品生产工厂化程度的提高,它们之间的先后时间间隔的长短也将发生变化。

6. 空间顺序与工种顺序的关系

在安排施工顺序时,既要考虑施工组织要求的空间顺序,又要考虑施工工艺要求的工种顺序。空间顺序要以工种顺序为基础,工种顺序应该尽可能地为空间顺序提供有利的施工条件。研究空间顺序是为了解决施工流向问题,它是由施工组织、缩短工期和保证质量的要求来决定的;研究工种顺序是为了解决工种之间在时间上的搭接问题,它必须在满足施工工艺的要求条件下,尽可能地利用工作面,使相邻两个工种在时间上合理地和最大限度地搭接起来。

3.2.2.3 采用流水、网络计划技术组织连续施工

采用流水施工方法和网络计划技术,组织有节奏、均衡、连续的施工。

流水施工方法具有生产专业化强、劳动效率高、操作熟练、工程质量好、生产节奏性强、资源利用平衡、工人连续作业、工期短成本低等特点。国内外经验证明,采用流水施工方法组织施工,不仅能使施工有节奏、均衡、连续地进行,而且会带来很大的技术经济效益。

网络计划技术是当代计划管理的最新方法。它应用网络图形表达计划中各项工作的相互关系。它具有逻辑严密,思维层次清晰,主要矛盾突出,有利于计划的优化、控制和调整,有利于电子计算机在计划管理中的应用等特点。因此,它在各种计划管理中都得到广泛的应用。实践经验证明,在建筑企业和施工项目计划管理中,采用网络计划技术,其经济效益更为显著。为此,在组织工程项目施工时,采用流水作业和网络计划技术是极为重要的。

3.2.2.4　搞好项目排队,保证重点,统筹安排

建筑企业和项目经理部一切生产经营活动的最终目的就是尽快地完成施工项目,使其早日投产或交付使用。这样对于建筑企业的计划决策人员来说,先建造哪部分,后建造哪部分,就成为通过各种科学管理手段,对各种管理信息进行优化后,做出决策的关键。通常情况下,根据施工项目是否为重点工程,或是否为有工期要求的项目,或是否为续建项目等进行统筹安排和分类排队,把有限的资源优先用于国家或业主最急需的重点项目,使其尽快地建成投产;同时照顾一般项目,把一般项目和重点项目结合起来。实践经验证明,在时间上分期和在项目上分批,保证重点和统筹安排,是建筑企业和施工项目经理部在组织项目施工时必须遵循的。

施工项目的收尾工作也必须重视。项目的收尾工作,通常是工序多、耗工多、工艺复杂、材料品种多样,而工程量少,如果不严密地组织、科学地安排,就会拖延工期,影响施工项目的早日投产使用。因此,抓好施工项目的收尾工作,对早日实现施工项目效益和工程建设投资的经济效果是很重要的。

3.2.2.5　科学地安排冬雨期施工项目,保证全年生产的均衡性和连续性

由于建筑产品生产露天作业的特点,因此,建筑施工必然受到气候和季节的影响,冬季的严寒和夏季的多雨,都不利于建筑施工的正常进行。如果不采取相应的、可靠的技术组织措施,全年施工的均衡性、连续性就不能得到保证。

随着施工工艺及其技术的发展,已经完全可以在冬雨期进行

正常施工,但是由于冬雨期施工要采取一些特殊的技术组织措施,必然会增加一些费用。因此,在安排施工进度计划时应当严肃地对待,恰当地安排冬雨期施工的项目。

3.2.2.6 提高建筑工业化程度

建筑技术进步的重要标志之一是建筑工业化,而建筑工业化主要体现在认真执行工厂预制和现场预制相结合的方针,努力提高建筑机械化程度。

建筑产品的生产需要消耗巨大的社会劳动。在建筑施工过程中,尽量以机械化施工代替手工操作,尤其是大面积的平整场地,大量的土(石)方工程,大批量的装卸和运输,大型钢筋混凝土构件或钢结构构件的制作和安装等繁重施工过程的机械化施工,对于改善劳动条件,减轻劳动强度和提高劳动生产率等有其显著的经济效益。

目前,我国建筑企业的技术装备程度还很不够,满足不了生产的需要。为此在组织工程施工时,要因地、因工程制宜,充分利用现有的机械设备。在选择施工机械过程中,要进行技术经济比较,使大型机械和中、小型机械结合起来,使机械化和半机械化结合起来,尽量扩大机械施工范围,提高机械化程度。同时要充分发挥机械设备的生产率,保持其作业的连续性,提高机械设备的利用率。

3.2.2.7 采用国内外先进的施工技术和科学管理方法

先进的施工技术与科学管理手段相结合,是改善建筑施工企业和施工项目经理部的生产经营管理素质、提高劳动生产率、保证工程质量、缩短工期、降低工程成本的重要途径。为此,在编制施工组织设计时,应广泛地采用国内外的先进的施工技术和科学施工管理的方法。

3.2.2.8 科学进行平面布置

尽量减少暂设工程,合理地储备物资,减少物资运输量;科学地布置施工平面图。暂设工程在施工结束后就要拆除,其投资有效时间是短暂的,因此,在组织项目施工时,对暂设工程和大型临时设施的用途、数量和建造方式等方面,要进行技术经济方面的可行性研究,在满足施工需要的前提下,使其数量最少和造价最低。这对于降低工程成本和减少施工用地都是十分重要的。

上述原则,既是建筑产品生产的客观需要,又是加快施工速度、缩短工期、保证工程质量、降低工程成本、提高建筑企业和施工项目经理部经济效益的需要,所以必须在组织项目施工过程中认真地贯彻执行。

3.2.2.9 贯彻计划编制“早、全、实、细”的工作原则

计划编制“早、全、实、细”的工作原则具体如下:

1. 早:强调计划工作先行。必须根据建设单位所提出的全面要求和信息,尽早的制定施工项目总体和阶段性目标计划,尽早地依照计划组织人员和设备、材料进入现场,使计划具有指导施工的意义。

2. 全:强调计划的全面配套。必须把施工项目实施的全部管理活动、全体人员、施工的全过程,统一纳入计划管理控制系统,并使各种计划衔接配套十分严密,而不是单独孤立的分头制定。实施中必须严格按照计划组织施工,使之行成一项全面的管理活动。

3. 实:强调计划安排实事求是的准确性。要保证计划在执行过程中的严肃性,首先要在计划安排上保证准确性。一定要考虑到目标的全面要求;同时要考虑到外界的约束条件和现实的可能性,既先进又留有余地,并以强有力的管理和技术措施做保证。施工方案要考虑先进合理,实用性强,从技术管理上提高经济效益,施工组织要强调均衡生产,使得计划编制的质量高,并具有合理性、科学性、务实性。

4. 细:强调计划编制细致具体的深化和展开。从施工总体计划到年、季、月、周(日)计划的具体工作必须逐级分解展开。总体网络计划为统筹全局的计划,从施工准备到竣工验收逐一对每一单项工程及各种工序的衔接关系、持续时间、最早和最迟开工时间都做了细致的计划编制。从施工总体计划分解直到日计划工作划分应越来越细,计划内容应越来越具体,前者以后者为支柱,后者以前者为指导,把项目施工全过程、全部管理工作、全体参加施工

人员统一纳入计划管理和控制轨道。

3.3　施工进度计划的编制依据和内容

3.3.1　施工进度计划的编制依据

为了保证施工进度计划编制工作顺利进行,提高编制质量,使施工进度计划能更好地、密切地结合工程的实际情况,更好地发挥其在施工中的指导作用,在编制施工进度计划时,按其编制对象的要求,依据下列资料编制:

3.3.1.1　施工总进度计划的编制依据

施工总进度计划的编制依据有以下几个方面:

1. 工程项目承包合同及招标投标书。招投标文件及签订的工程承包合同;工程材料和设备的定货、供货合同等。

2. 工程项目全部设计施工图纸及变更洽商。建设项目的扩大初步设计、技术设计、施工图设计、设计说明书、建筑总平面图及建筑竖向设计及变更洽商等。

3. 工程项目所在地区位置的自然条件和技术经济条件。主要包括:气象、地形地貌、水文地质情况、地区施工能力,交通、水电条件等;建筑安装企业的人力、设备、技术和管理水平。

4. 工程项目设计概算和预算资料、劳动定额及机械台班定额等。

5. 工程项目拟采用的主要施工方案及措施、施工顺序、流水段划分等。

6. 工程项目需用的主要资源。主要包括:劳动力状况、机具设备能力、物资供应来源条件等。

7. 建设方及上级主管部门对施工的要求。

8. 现行规范、规程和有关技术规定。国家现行的施工及验收规范、操作规程、技术规定和技术经济指标。

3.3.1.2　单位工程进度计划的编制依据

单位工程进度计划的编制依据有以下几个方面:

1. 主管部门的批示文件及建设单位的要求。如:上级主管部门或发包单位对工程的开工、竣工日期,土地申请和施工执照等方面的要求及施工合同中的有关规定等。

2. 施工图纸及设计单位对施工的要求。其中包括:单位工程的全部施工图纸、会审记录和标准图、变更洽商等有关部门设计资料,对较复杂的建筑工程还要有设备图纸和设备安装对土建施工的要求,及设计单位对新结构、新材料、新技术和新工艺的要求。

3. 施工企业年度计划对该工程的安排和规定的有关指标。如:进度、其他项目穿插施工的要求等。

4. 施工组织总设计或大纲对该工程的有关部门规定和安排。

5. 资源配备情况。如:施工中需要的劳动力、施工机具和设备、材料、预制构件和加工品的供应能力及来源情况。

6. 建设单位可能提供的条件和水电供应情况。如:建设单位可能提供的临时房屋数量,水电供应量,水压、电压能否满足施工需要等。

7. 施工现场条件和勘察资料。如:施工现场的地形、地貌、地上与地下的障碍物、工程地质和水文地质、气象资料、交通运输道路及场地面积等。

8. 预算文件和国家及地方规范等资料。工程的预算文件等提供的工程量和预算成本,国家和地方的施工验收规范、质量验收标准、操作规程和有关定额是确定编制施工进度计划的主要依据。

3.3.2 施工进度计划的编制内容

3.3.2.1 施工总进度计划的编制内容

施工总进度计划主要包括:建设项目的主要情况;工程性质、建设地点、建设规模、总占地面积、总建筑面积、总工期、分期分批投入使用的项目和工期;主要工种工程量、设备安装及其吨数;总投资额、建筑安装工作量、工厂区和生产区的工作量;建筑结构类型、新技术、新材料的复杂程度和应用情况等;施工部署和主要采取的施工方案;全场性的施工准备工作计划、施工资源总需要量计划、施工项目总进度控制目标;单位工程的分阶段进度目标以及单位工程与主要设备安装的施工配合穿插等;施工总平面布置和各项主要经济技术评价指标等。

但是,由于建设项目的规模、性质和建筑结构的复杂程度和特点不同,建筑施工场地条件差异和施工复杂程度不同,其内容也不一样。

3.3.2.2 单位工程进度计划的编制内容

单位工程进度计划根据工程性质、规模、繁简程度的不同,其内容和深广度要求的不同,不强求一致,但内容必须简明扼要,使其真正能起到指导现场施工的作用。

单位工程进度计划的内容一般应包括:

1. 工程建设概况:拟建工程的建设单位,工程名称、性质、用途、工程投资额,开竣工日期,施工合同要求,主管部门的有关部门文件和要求,以及组织施工的指导思想等。

2. 工程施工情况:拟建工程的建筑面积、层数、层高、总高、总宽、总长、平面形状和平面组合情况,基础、结构类型,室内外装修情况等。

3. 单位工程进度计划,分阶段进度计划,单位工程准备工作计划,劳动力需用量计划,主要材料、设备及加工品计划,主要施工机械和机具需要量计划,主要施工方案及流水段划分,各项经济技术指标要求等。

3.4 施工进度计划的编制步骤和方法

3.4.1 施工进度计划的编制步骤

3.4.1.1 施工总进度计划的编制步骤

施工总进度计划的编制步骤有以下几步:

1. 列出工程项目一览表并计算工程量

施工总进度计划主要起控制总工期的作用,因此,项目划分不宜过细。通常按照分期分批投产顺序和工程开展顺序列出,并突出每个交工系统中的主要工程项目，一些附属项目及小型工程、临时设施可以合并列出。

在工程项目一览表的基础上，按工程的开展顺序，以单位工程计算主要实物工程量。此时，计算工程量的目的是为了选择施工方案和主要的施工、运输机械，初步规划主要施工过程的流水施工，估算各项目完成时间，计算劳动力和物资的需要量。因此，工程量只需粗略地计算即可。

计算工程量可按初步(或扩大初步)设计图纸并根据有关定额手册进行计算。常用的定额、资料有以下几种：

(1) 每万元、每10万元投资工程量、劳动量及材料消耗扩大指标。这种定额规定了某一种结构类型建筑，每万元或每10万元投资中劳动量、主要材料等的消耗数量。根据设计图纸中的结构类型，即可估算出拟建工程各分项需要的劳动量和主要材料消耗数量。

(2) 概算指标或扩大结构定额。这两种定额都是预算定额的进一步扩大。概算指标是以建筑物每$100m^3$体积为单位，扩大结构定额则是以每$100m^2$建筑面积为单位。查定额时，首先查找与本建筑物结构类型、跨度、高度相类似的部分，然后查出这种建筑物按定额单位所需要的劳动力和各种材料的消耗量，从而推算出拟建建筑物所需要的劳动力和材料的消耗数量。

(3) 标准设计或已建建筑物、构筑物的资料。在缺少上述几种定额手册的情况下，可采用标准设计或已建成的类似工程实际消耗的劳动量和材料加以类比，按比例估算。但是，由于和拟建工程完全相同的已建工程是极为少见的，因此，在采用已建工程资料时，一般都要进行折算、调整。

除建筑物外，还必须计算主要的全工地性工程的工程量，如：场地平整、铁路及道路和地下管线的长度等，这些可以根据建筑总平面图来计算。

将按上述方法计算出的工程量填入统一的工程项目汇总表中。工程项目一览表，如表3-1所示。

工程项目一览表 表 3-1

工程分类	工程项目名称	结构类型	建筑面积	幢数	概算投资	主要实物工程量								
						场地平整	土方工程	铁路铺设	…	砖石工程	钢筋混凝土工程	…	装饰工程	…
			$1000m^2$	个	万元	$1000m^2$	$1000m^3$	km		$1000m^3$	$1000m^3$		$1000m^2$	
全工地性工程														
主体项目														
辅助项目														
永久住宅														
临时建筑														
合计														

2．确定各单位工程的施工期限

各单位工程的施工期限，由于各施工单位的施工技术、管理水平、机械化程度、劳动力和材料供应情况不同有很大差别。因此，应根据各施工单位的具体条件，并考虑施工项目的建筑结构类型、体积大小、现场地形、工程与水文地质、施工条件等因素加以确定。此外，也可以参考有关部门工期定额来确定单位工程的施工期限，工期定额（或指标）是根据我国各部门多年来的施工经验，经统计分析对比后制定的。

3．确定各单位工程的开竣工时间和相互搭接关系

在施工部署中已确定了总的施工期限、施工程序和各系统的控制期限及搭接时间，但对每一个单位工程的开竣工时间尚未具体确定。通过对主要建筑物或构筑物的工期进行分析，确定了每个建筑物或构筑物的施工期限后，就可以进一步安排各建筑物或

构筑物的搭接施工时间。此时通常应考虑以下各主要因素：

(1) 保证重点，兼顾一般

在安排施工进度计划时，要分清主次、抓住重点，同一时期进行的项目不宜过多，以免分散有限的人力、物力。主要工程项目工程量大、工期长、质量要求高、施工难度大、对其他工程施工影响大、对整个建设项目的顺利完成起关键性作用，这些项目在各系统的控制期限内应优先安排。

(2) 满足连续、均衡施工要求

在安排施工进度计划时，应尽量使各工种施工人员、施工机械在全工地内连续施工，同时尽量使劳动力、施工机具和物资消耗在全工地上达到均衡，避免出现突出的高峰和低谷，以利于劳动力的调度、原材料的供应和充分利用临时设施。为达到这种要求，应考虑在施工项目之间组织大流水施工，即在相同结构特征的工程或主要工程工种之间组织流水施工，从而实现人力、材料和施工机械的综合平衡。另外，为实现连续均衡施工，还要留出一些后备项目，如：宿舍、附属或辅助车间、临时设施等，作为调节项目，穿插在主要项目的流水中。

(3) 满足生产工艺要求

施工企业的生产工艺系统是串联各个建筑物的主动脉。要根据工艺所确定的分期分批建设方案，合理安排各个建筑物的施工顺序，使土建施工、设备安装和试生产实现“一条龙”，以便缩短施工周期，尽快发挥投资效益。

(4) 认真考虑施工总进度计划对施工总平面空间布置的影响

建设项目的建筑总平面设计，应在满足有关部门规范要求的前提下，使各个建筑物的布置尽量紧凑，这可以节省占地面积，缩短场内各种道路、管线的长度，但由于建筑物密集，也会导致施工场地狭小，使场内运输、材料堆放、设备组装和施工机械布置等产生困难。为减少这方面的困难，除采取一定的技术措施外，对相邻各建筑物的开工时间和施工顺序予以调整，以避免或减少相互影响，也是重要措施之一。

(5) 全面考虑各种条件限制

在确定各建筑物施工顺序时,还应考虑各种客观条件限制。如:施工企业的施工力量,各种原材料、机械设备的供应情况,设计单位提供的图纸时间,各年度投资数量等。同时,由于建筑施工受季节、环境影响较大,因此,经常会对某些项目的施工时间提出具体要求,从而对施工时间和顺序安排产生影响。

4. 安排施工进度

施工总进度计划可以用横道图表达,也可以用网络图表达。由于施工总进度计划只是起控制性作用,因此不必搞得过细。当用横道图表达总进度计划时,项目的排列可按施工总体方案所确定的工程展开程序排列。横道图上应表达出各施工项目的开竣工时间及其施工持续时间。例如:某城市供热厂施工总计划横道图,如表 3-2 所示。

近年来,随着网络计划技术的推广和普及,采用网络图表达施工总进度计划,已经在实践中得到了广泛的应用。用有时间坐标网络图表达总进度计划,比横道图更加直观、明了,还可以表达出各项目之间的逻辑关系。同时,由于可以应用电子计算机计算和输出,更便于对施工进度计划进行调整、优化、统计资源数量,甚至输出图表等,如图 3-1 所示。

5. 施工总进度计划的调整与修正

施工进度计划绘制完成后,将同一时期各项工程的工作量加在一起,用一定的比例画在施工进度计划的底部,即可以得出建设项目资源需要量动态曲线。若曲线上存在较大的高峰和低谷,则表明在该时间里各种资源的需求量变化较大,需要调整一些单位工程的施工速度或开竣工时间,以便消除高峰和低谷,使各个时期的资源需求量尽量达到均衡。

编制完的各个单位工程的施工进度计划,在实施过程中,也应随着施工的进展及时做出必要的调整;对于跨年度的建设项目,还应根据国家基本建设投资或业主投资情况,对施工进度计划予以调整。

供热厂工程施工总进度计划 **表 3-2**

项次	单位工程名称	建筑面积（m^2）	总工日	第一年度						第二年度						第三年度						第四年度		
				2	4	6	8	10	12	2	4	6	8	10	12	2	4	6	8	10	12	2	4	6
1	油化库	335	672																					
2	空压站	138	216																					
3	汽车库	609	1249																					
4	机修车间	475	1710																					
5	围墙及传达室、推煤机库	132	6792																					
6	热网出口间	100	360																					
7	南锅炉间及汽机间	6376	46492																					
8	北锅炉间	4642	33422																					
9	1 号转运站	253	1093																					
10	3 号 A、B 输煤沟		5094																					
11	煤场、灰沟、灰池、灰水泵间	6565	7337																					
12	2 号 3 号转运站渣塔	875	1400																					
13	渣 2—3 号，渣站 1—3 号		3060																					
14	2 号 B，4 号 5 号 B 栈桥		860																					
15	2 号 A，5 号 A 栈桥		180																					

续表

项次	单位工程名称	建筑面积（m^2）	总工日	第一年度						第二年度						第三年度						第四年度		
				2	4	6	8	10	12	2	4	6	8	10	12	2	4	6	8	10	12	2	4	6
16	烟囱		18530																					
17	热网泵间及水处理楼	3894	18530																					
18	主控楼	1405	7200																					
19	办公楼及食堂	5330	25884																					
20	烟道、除尘器、引风机室	670	4892																					
21	水泵房	90	576																					
22	蓄水池、软化水池		3268																					
23	男女浴池	259	1380																					
24	厂区排水工程		840																					
25	厂区工艺管道工程		3960																					
26	厂区给水工程		1800																					
27	厂区电线		1440																					
28	厂区道路		4105																					
	合　计	32011	205390																					

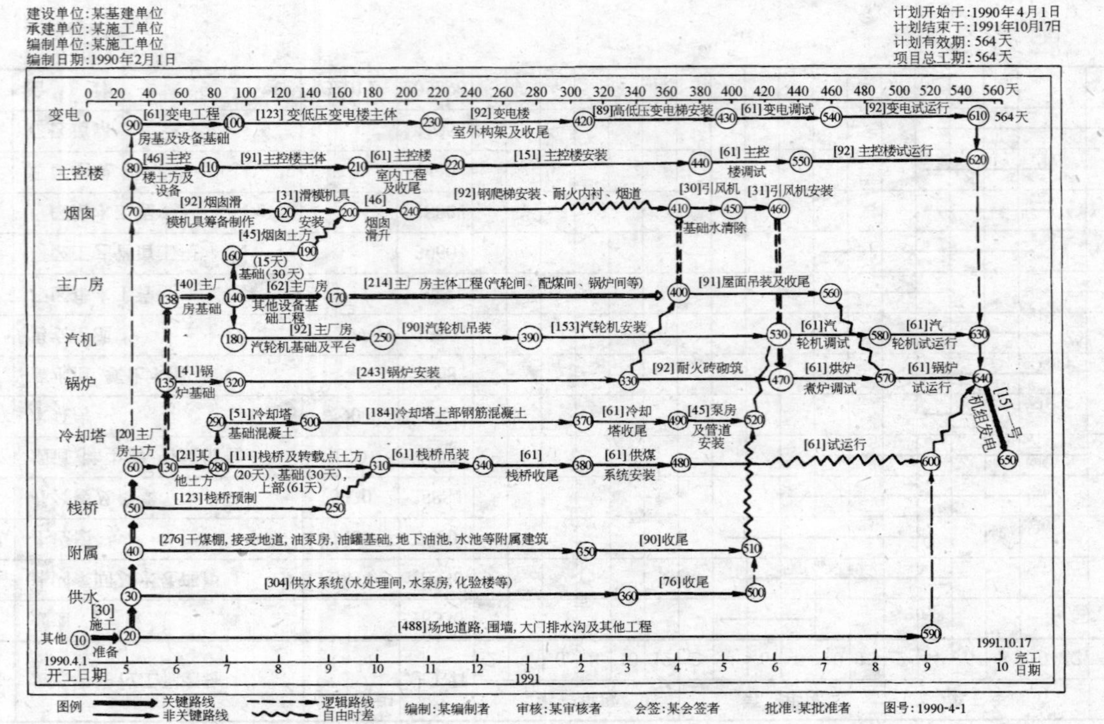

图 3-1 某电厂一号机组建安工程施工网络计划

6. 施工准备工作总计划

根据施工开展程序和主要工程项目施工方案，编制好施工项目全场性的施工准备工作计划。主要内容包括：

(1) 安排好场内外运输，施工用主干道，水、电、气来源及其引入方案。

(2) 安排场地平整方案和全场性排水、防洪。

(3) 安排好生产和生活基地建设。包括：商品混凝土搅拌站、预制构件、金属结构制作、钢筋、木材加工、机修及施工机械占用场地等。

(4) 安排现场区域内的测量工作，设置永久性测量标志，为放线定位做好准备。

(5) 制新技术、新材料、新结构、新工艺的试制试验计划和职工技术培训计划。

(6) 冬、雨期施工所需的特殊准备工作。

例如，某高层住宅区的主要施工准备工作计划，如表 3-3 所示。

某高层住宅区的主要施工准备工作计划 **表 3-3**

序 号	施工准备工作内容	负责单位	涉及单位	要求完成时间
1				
2				
3				
4				
5				
6				
7				
8				
9				
10				

7. 编制综合劳动力和主要工种劳动力计划

劳动力综合需要量计划是确定暂设工程规模和组织劳动力进场的依据。编制时首先根据工种工程量汇总表中分别列出的各个建筑物专业工种的工程量，查相应定额，既可得到各个建筑物几个主要工种的劳动量，再根据总进度计划表中各单位工程工种的持续时间，即可得到某单位工程在某段时间里的平均劳动力数。同样方法可计算出各个建筑物的主要工种在各个时期的平均工人数。将总进度计划表纵坐标上各单位工程同工种的人数叠加在一起并联成一条曲线，即为某工种的劳动力动态曲线图和计划表。劳动力需要量计划，如表3-4所示。

劳动力需要量计划　　**表3-4**

序号	工程名称	施工高峰需用人数	2000 年				2001 年				现有人数	多余(+)或不足(-)
			一季	二季	三季	四季	一季	二季	三季	四季		

注：(1) 工种名称除生产工人外，应包括附属辅助用工(如：机修、运输、材料保管等)以及服务和管理用工。

(2) 表下应附以分季度的劳动力动态曲线(纵轴表示人数，横坐标表示时间)。

8. 材料、构件及半成品需求量计划

根据各工种工程量汇总表所列各建筑物和构筑物的工程量，查万元定额或概算指标便可以得出各建筑物或构筑物所需的建筑材料、构件及半成品的数量，然后根据施工总进度计划表，大致估计出某些建筑材料在某季度的需求量，从而编制出建筑材料、构件及半成品的需求量计划。材料、构件及半成品需要量计划是材料和构件等落实组织货源、签订供应合同、确定运输方式、编制运输计划、组织进场、确定暂设工程规模的依据。主要材料需求量计划，预制品需求量计划，运输量计划如表3-5，表3-6，表3-7所示。

9. 施工机具需求量计划

主要施工机械，如挖土机、起重机等的需求量，根据施工进度计划、主要建筑物施工方案和工程量，并套用机械产量定额求得；

主要材料需求量计划 **表 3-5**

	主要材料										

注：(1) 主要材料可按型钢、钢板、钢筋、管材、水泥、木材、砖、砂、油漆等填列。

主要材料、预制加工品需求量进度计划 **表 3-6**

<table>
<tr><td rowspan="3">序号</td><td rowspan="3">材料或预制加工品名称</td><td rowspan="3">规格</td><td rowspan="3">单位</td><td colspan="4">需求量</td><td colspan="6">需求量进度</td></tr>
<tr><td rowspan="2">合计</td><td rowspan="2">正式工程</td><td rowspan="2">大型临时设施</td><td rowspan="2">施工措施</td><td colspan="4">20××年</td><td rowspan="2">20××年</td><td rowspan="2">20××年</td></tr>
<tr><td>一季</td><td>二季</td><td>三季</td><td>四季</td></tr>
<tr><td></td><td></td><td></td><td></td><td></td><td></td><td></td><td></td><td></td><td></td><td></td><td></td><td></td><td></td></tr>
</table>

主要材料、预制加工品运输量计划 **表 3-7**

<table>
<tr><td rowspan="2">序号</td><td rowspan="2">材料或预制加工品名称</td><td rowspan="2">单位</td><td rowspan="2">数量</td><td rowspan="2">折合吨数</td><td colspan="3">运距(km)</td><td rowspan="2">运输量(t·km)</td><td colspan="3">分类运输量(t·km)</td><td rowspan="2">备注</td></tr>
<tr><td>装货点</td><td>卸货点</td><td>距离</td><td>公路</td><td>铁路</td><td>航运</td></tr>
<tr><td></td><td></td><td></td><td></td><td></td><td></td><td></td><td></td><td></td><td></td><td></td><td></td><td></td></tr>
</table>

注：材料和预制加工品所需运输总量另加入 8%～10% 的不可预见系数，垃圾运输量按年度工作量的 12t/万元计算，生活日用品运输量按每年 1.2～1.5t 计算。

主要施工机具、设备需用量计划 **表 3-8**

<table>
<tr><td rowspan="2">序号</td><td rowspan="2">机具设备名称</td><td rowspan="2">规格型号</td><td rowspan="2">电动机功率(kW)</td><td colspan="4">数量</td><td rowspan="2">购置价值(万元)</td><td rowspan="2">使用时间</td><td rowspan="2">备注</td></tr>
<tr><td>单位</td><td>需用</td><td>现有</td><td>不足</td></tr>
<tr><td></td><td></td><td></td><td></td><td></td><td></td><td></td><td></td><td></td><td></td><td></td></tr>
</table>

注：机具设备名称可按土方、钢筋混凝土、起重、金属加工、运输、木材加工、动力、脚手工具等分类填列。

辅助机械可根据建筑安装工程每 10 万元扩大概算指标求得；运输

机械的需求量根据运输量计算。最后编制施工机具需求量计划，施工机具需求量计划除为组织机械供应外，还可以作为施工用电、选择变压器容量等的计算和确定停放场地面积的依据。主要施工机具、设备需求量计划如表 3-8 所示。

3.4.1.2　单位工程进度计划编制的步骤

1. 划分施工过程

编制单位工程进度计划时，首先应按照图纸和施工顺序列出拟建单位工程的各个施工过程，并结合施工方法、施工条件、劳动组织等因素，加以适当调整，使其成为编制单位工程进度计划所需的施工过程。

通常单位工程进度计划表中只列出直接在建筑物或构筑物上进行施工的建筑安装类施工过程，而不列出构件制作和运输过程，如：门窗制作和运输等制备类、运输类施工过程。但当某些构件采用现场就地预制方案，单独占有工期，且对其他分部分项工程的施工有影响或其运输工作需与其他分部分项工程的施工密切配合时，如：楼板随运随吊，也需将这些制作类和运输类施工过程列入。

在确定施工过程时，应注意以下几个问题：

(1) 施工过程划分的粗细程度，主要根据单位工程施工进度计划的客观要求。对控制性施工进度计划，项目划分得要粗一些，通常只列出分部工程名称，如：混合结构居住房屋的控制性进度计划，只列出基础工程、主体工程、屋面工程和装修工程四个施工过程；对实施性的施工进度计划，项目划分得要细一些，通常要列到分项工程，如：上面所说的屋面工程还要划分为找平层、隔气层、保温层、防水层和保护层等分项工程。

(2) 施工过程的划分要结合所选择的施工方案。如：结构安装工程，若采用分件吊装法，则施工过程的名称、数量和内容及其安装顺序应按照构件来确定；若采用综合吊装法，则施工过程应按施工单元(节间、区段)来确定。

(3) 注意适当简化单位工程进度计划内容，避免工程项目划分过细、重点不突出。因此,可考虑将某些穿插性分项工程合并到主要分项工程中去,如:安装门窗框可以并入砌墙工程;而在同一时间内,由同一工程队施工的工程可以合并,如:工业厂房中的钢窗油漆、钢门油漆、钢支撑油漆、钢梯油漆合并为钢构件油漆一个施工过程;对于次要的、零星的分项工程,可合并为“其他工程”一项。

(4) 水、暖、电、卫工程和设备安装工程通常由专业机构负责施工。因此,在施工进度计划中,只要反映出这些工程与土建工程如何配合即可,不必细分。

(5) 所有施工过程应大致按施工先后顺序排列,所采用的施工项目名称可参考现行定额手册上的项目名称。

总之,划分施工过程要粗细得当。根据所划分的施工过程列出分部分项工程一览表,如表 3-9 所示。

分部分项工程一览表 　　表 3-9

序号	分部分项工程名称	序号	分部分项工程名称
一	地下室工程	二	大模板主体结构工程
1	挖　土	5	壁板吊装
2	混凝土垫层	6	顶板吊装
3	地下室结构	7	……
4	回 填 土	8	

2. 计算工程量

计算工程量时,一般可以直接采用施工图预算的数据,但应注意有些项目的工程量应按实际情况作适当调整。如:计算柱基土方工程量时,应根据土的级别和采用的施工方法(单独柱基开挖、基槽开挖还是大开挖和边坡稳定要求放边坡还是加支撑)等实际情况进行计算。工程量计算时应注意以下几个问题:

(1) 各分部分项工程的工程量计算单位应与现行定额手册中所规定的单位一致,以免换算劳动力、材料和机械数量时产生错误。

(2) 结合选定的方法和安全技术要求计算工程量。

(3) 结合施工组织的要求，按分区、分项、分段、分层计算工程量。

(4) 直接采用预算文件中的工程量时，应按施工过程的划分情况将预算文件中有关项目的工程量汇总。如砌筑砖墙一项，要将预算中按内墙、外墙，按不同墙厚，不同砌筑砂浆及强度等级计算的工程量进行汇总。

3. 确定劳动量和机械台班数

劳动量和机械台班数应当根据各分部分项的工程量、施工方法和现行的施工定额，并结合当时当地的具体情况加以确定。一般应按公式(3-1)或公式(3-2)计算：

$$P=\frac{Q}{S} \tag{3-1}$$

或

$$P=Q\times H \tag{3-2}$$

式中　P——完成某施工过程所需的劳动量(工日)或机械台班数(台班)；

Q——完成某施工过程所需的工程量(m^3　m^2　t……)；

S——某施工过程所采取的产量定额(m^3　m^2　t…/工日或台班)；

H——某施工过程所采用的时间定额(工日或台班/m^3　m^2　t……)。

例如，已知某单位工业厂房的柱基土方为3240m^3，采用人工挖土，每工产量为6.5m^3，则完成挖柱基所需总劳动量为：

$$P=\frac{Q}{S}=\frac{3240}{6.5}=499\text{ 工日}$$

若已知每立方米挖土方时间定额为0.154工日，则完成挖柱基所需总劳动量为：

$$P=Q\times H=3240\times 0.154=499\text{ 工日}$$

在使用定额时，常遇到定额所列项目的工作内容与编制施工进度计划所列项目不一致的情况，此时应当：

(1) 查用定额时,若同一工种不一样时,可用其平均定额,当同一性质不同类型分项工程的工程量相等时,平均定额可用其绝对平均值,如公式(3-3):

$$S=\frac{S_1+S_2+\cdots+S_n}{n} \tag{3-3}$$

式中 S_1、S_2、$\cdots S_n$——同一性质不同类型分项工程的产量定额;

S——平均产量定额;

n——分项工程的数量。

当同一性质不同类型分项工程的工程量不相等时,平均定额应用加权平均值,其计算如公式(3-4):

$$S=\frac{Q_1+Q_2+\cdots+Q_n}{\frac{Q_1}{S_1}+\frac{Q_2}{S_2}+\cdots+\frac{Q_n}{S_n}}=\frac{\sum_{i=1}^{n}Q_i}{\sum_{i=1}^{n}\frac{Q_i}{S_i}} \tag{3-4}$$

式中 Q_1、Q_2、$\cdots Q_n$——同一性质不同类型分项工程的工程量;

其他符号同前。

例如,钢门窗油漆一项由钢门和钢窗油漆两项合并组成,已知 Q_1 为钢门面积 386.52m², Q_2 为钢窗面积 889.66m²,钢门油漆的产量定额 S_1 为 11.2m²/工日,钢窗油漆的产量定额 S_2 为 14.63m²/工日,则平均产量定额为:

$$S=\frac{Q_1+Q_2}{\frac{Q_1}{S_1}+\frac{Q_2}{S_2}}=\frac{368.52+889.66}{\frac{368.52}{11.2}+\frac{889.66}{14.63}}=13.43\text{m}^2/\text{工日}$$

(2) 对于有些采用新技术或特殊的施工方法的工程,在定额手册中未列入的可参考类似项目或实测确定。

(3) 对于“其他工程”项目所需劳动量,可根据其内容和数量,并结合工地具体情况,以占总劳动量的百分比(一般为 10% ~ 20%)计算。

(4) 水、暖、电卫、设备安装的工程项目,一般不计算劳动量和机械台班需要量,仅安排与土建工程配合的一般进度。

4. 确定各施工过程的施工天数

计算各分部分项工程施工天数的方法有两种：

(1) 根据施工项目经理部计划分配在该分部分项工程上的施工机械数量和专业工人人数确定。其计算如公式(3-5)：

$$t=\frac{P}{R\cdot N} \tag{3-5}$$

式中　t——完成某分部分项工程的施工天数；

P——某分部分项工程所需的机械台班数量或劳动量；

R——每班安排在某分部分项工程上的施工机械台数或劳动人数；

N——每天工作班次。

例如，某工程砌筑砖墙，需要总劳动量160工日，一班制工作，每天出勤人数为22人(其中瓦工10人，普工12人)，则施工天数为：

$$t=\frac{P}{R\cdot N}=\frac{160}{22\times 1}\approx 7\text{d}$$

在安排每班工人和机械台数时，应综合考虑各分项工程工人班组的每个工人都应有足够的工作面(不能小于最小工作面)，以发挥高效率并保证施工安全；各分项工程在进行正常施工时所必须的最低限度的工人班组人数及其合理组合(不能小于最小劳动组合)，以达到最高的劳动效率。

(2) 根据工期要求倒排进度。首先，根据规定的总工期和施工经验，确定各分部分项工程的施工时间，然后，再按各分部分项工程需要的劳动量或机械台班数，确定每一分部分项工程每个工作班组所需要的工人数或机械台数，此时可将公式(3-5)变化为公式(3-6)：

$$R=\frac{P}{t\cdot N} \tag{3-6}$$

例如，某单位工程的土方工程采用机械施工，需要87个台班完成，则当工期为8d时，所需挖土机的台数为：

$$R=\frac{P}{t\cdot N}=\frac{87}{8\times1}\approx11\ 台班$$

通常计算时均先按一班制考虑,如果每天所需机械台数或工人人数,已超过施工单位现有人力、物力或工作面限制时,则应根据具体情况和条件,从技术和施工组织上采取积极的措施,如:增加工作班次,最大限度地组织立体交叉平行流水施工,加早强剂提高混凝土早期强度等。

5. 编制施工进度计划的初始方案

编制施工进度计划时,必须考虑各分部分项的合理施工顺序,尽可能地组织流水施工,力求主要工种的工作队连续施工。方法是:

(1) 划分主要施工段(分部工程),组织流水施工。首先,安排其中主导施工过程的施工进度,使其尽可能地连续施工,其他穿叉施工过程尽可能与它配合、穿叉、搭接或平行作业。如:砖混结构房屋中的主体结构工程,其主导施工过程为砌筑和楼板安装。

(2) 配合主要施工阶段,安排其他施工阶段(分部工程)的施工进度。

(3) 按照工艺的合理性和工序性,尽量穿叉、搭接或平行作业方法,将各施工阶段(分部工程)的流水作业图表最大限度地搭接起来,即得单位工程施工进度计划的初始方案。

6. 施工进度计划的检查与调整

为了使初始方案满足规定的目标,一般进行如下检查调整:

(1) 各施工过程的施工顺序、平行搭接和技术间歇是否合理。

(2) 工期方面:初始方案的总工期是否满足连续、均衡施工。

(3) 劳动力方面:主要工种工人是否满足连续、均衡施工。

(4) 物资方面:主要机械、设备、材料等的利用是否均衡,施工机械是否充分利用。

经过检查,对不符合要求的部分,可采用增加或缩短某些分项工程的施工时间。

在施工顺序允许的情况下,将某些分项工程的施工时间向前或向后移动。必要时，改变施工方法或施工组织等方法进行调整。

应当指出，上述编制施工进度计划的步骤不是孤立的，而是相互依赖、相互联系的，有的可以同时进行。由于建筑施工是一个复杂的生产过程，受到周围客观因素的影响很多，在施工过程中，由于劳动力和机械、材料等物资的供应及自然条件等因素的影响而经常不符合原计划的要求，因而在工程进展中，应随时掌握施工动态、经常检查、不断调整计划。

施工进度计划的编制程序，如图3-2所示。

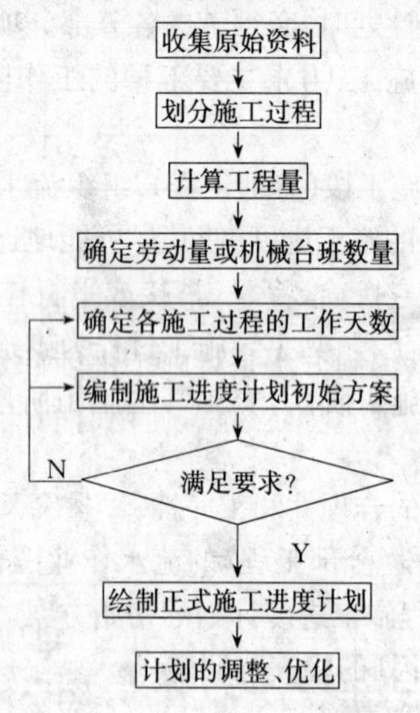

图3-2　施工进度计划编制程序

3.4.1.3　单位工程各项资源需要量计划的编制

各项资源需要量计划可用来确定建筑工地的临时设施，并按计划供应材料，调配劳动力，以保证施工按计划顺利进行。在单位工程施工进度计划正式编制完了后，就可以编制各项资源需要量计划。

1. 劳动力需要量计划

劳动力需要量计划，主要是作为安排劳动力的平衡、调配和衡量劳动力耗用指标、安排生产福利设施的依据，其编制方法是将施工进度计划表内所列各个施工过程每天（或旬、月）所需工人人数按工种汇总而得，其表格形式如表 3-10 所示。

劳动力需要量计划　　表 3-10

<table>
<tr><th rowspan="3">序号</th><th rowspan="3">工种名称</th><th rowspan="3">等级</th><th colspan="2">需要量</th><th colspan="6">需 要 时 间</th><th rowspan="3">备 注</th></tr>
<tr><th rowspan="2">单位</th><th rowspan="2">数量</th><th colspan="3">月</th><th colspan="3">月</th></tr>
<tr><th>上旬</th><th>中旬</th><th>下旬</th><th>上旬</th><th>中旬</th><th>下旬</th></tr>
<tr><td></td><td></td><td></td><td></td><td></td><td></td><td></td><td></td><td></td><td></td><td></td><td></td></tr>
<tr><td></td><td></td><td></td><td></td><td></td><td></td><td></td><td></td><td></td><td></td><td></td><td></td></tr>
<tr><td></td><td></td><td></td><td></td><td></td><td></td><td></td><td></td><td></td><td></td><td></td><td></td></tr>
<tr><td></td><td></td><td></td><td></td><td></td><td></td><td></td><td></td><td></td><td></td><td></td><td></td></tr>
</table>

2. 主要材料需要量计划

主要材料需要量计划，是备料、供料和确定仓库、堆场面积及组织运输的依据，其编制方法是将施工进度计划表中各施工过程的工程量，按材料品种、规格、数量、使用时间计算汇总而得，其表格形式如表 3-11 所示。

主要材料需要量计划　　表 3-11

序号	材料名称	规格	需要量		供应时间	备 注
			单 位	数 量		

3. 构件和半成品需要量计划

建筑结构构件、配件和其他加工半成品的需要量计划主要用于落实加工订货单位，并按照所需规格、数量、时间，组织加工、运输和确定仓库和堆场，可根据施工图和施工进度计划编制，其表格形式如表 3-12 所示。

构件和半成品需要量计划　　表 3-12

序号	构件半成品名称	规格	图号、型号	需要量		使用部位	加工单位	供应日期	备注
				单位	数量				

4. 施工机械需要量计划

施工机械需要量计划主要用于确定施工机械类型、数量、进场时间，可据此落实施工机具来源，组织进场。其编制方法为，将单位工程施工进度表中的每一个施工过程，每天所需的施工机械类型、数量和施工日期进行汇总，即得施工机械需要量计划，其格式如表 3-13 所示。

施工机械需要量计划　　表 3-13

序号	机械名称	类型型号	需要量		货源	使用起止时间	备注
			单位	数量			

3.4.2　施工进度计划的编制方法

3.4.2.1　流水施工组织方式

在一个施工项目分成若干个施工区段进行施工时，可以采取依次施工、平行施工和流水施工三种组织方式。

1. 依次施工组织方式。它是将施工项目的整个施工过程分解成若干个施工过程，按照一定的施工顺序，前一个施工过程完成后，后一个施工过程才开始施工；或前一个施工项目完成任务后，后一个施工项目才开始施工。它是最基本、最原始的施工组织方式。它具有以下特点：

(1) 由于没有充分利用工作面去争取时间，占用工期长；

(2) 单位时间内投入的资源量较少，有利于资源供应的组织工作；

(3) 施工现场的组织、管理比较简单。

2. 平行施工组织方式。它是在拟建工程任务十分紧迫、工作

面允许以及资源保证供应的条件下,可以组织几个相同的工作队,在同一时间、不同的空间上进行施工。它具有以下特点:

(1) 充分地利用了工作面,争取了时间,可以缩短工期;

(2) 工作队不能实现专业化生产;

(3) 工作队及其工人不能连续作业;单位时间投入施工的资源量成倍增加,现场临时设施也相应增加;

(4) 施工现场组织、管理复杂。

3. 流水施工组织方式。它是将施工项目的施工分解成若干个施工过程,也就是划分成若干个工作性质相同的分部分项工程或工序;同时将施工项目在平面划分成若干个劳动量大致相等的施工段;在竖向上划分成若干个施工层,按照施工过程分别建立相应的工作队;各专业队按照一定的施工顺序投入施工,完成第一个施工段上的施工任务后,在人数、机具、材料便利的情况下,依次地、连续地投入到第二、第三……直到最后一个施工段的施工保证施工项目的施工全过程在时间上、空间上,有节奏、连续、均衡地进行下去,直到完成全部施工任务。它具有以下特点:

(1) 科学地利用了工作面,争取了时间,工期比较合理;

(2) 工作队及其工人实现了专业化施工,能保证工程质量,提高劳动生产率;

(3) 专业工作队及其工人能连续作业,使相邻专业工作队之间实现了最大限度的合理搭接;

(4) 单位时间投入的资源量较为均衡,有利于资源供应的组织工作;

(5) 为文明施工和进行现场的科学管理创造了有利条件。

3.4.2.2 流水施工的分级

1. 流水施工的分级

根据流水施工组织的范围划分,流水施工通常可分为:

(1) 分项工程流水施工

分项工程流水施工也称为细部流水施工,它是在一个专业工种内部组织起来的流水施工。在施工进度计划表上,它是一条标有施工段或工作队编号的水平进度指示段或斜向进度指示线段。

(2) 分部工程流水施工

分部工程流水施工也称为专业流水施工，它是在一个分部工程内部、各分项工程之间组织起来的流水施工。在施工进度计划表上，它由一组标有施工段或工作队编号的水平进度指示线段或斜向进度指示线段来表示。

(3) 单位工程流水施工

单位工程流水施工也称为综合流水施工，它是在一个单位工程内部、各分部工程之间组织起来的流水施工，在施工进度计划表上，它是若干组分部工程的进度指示线段，并由此构成一张单位工程施工进度计划。

(4) 群体工程流水施工

群体工程流水施工亦称为大流水施工，它是在一个个单位工程之间组织起来的流水施工。反映在施工进度计划上，是一张项目施工总进度计划。

3.4.2.3　流水施工的表达方式

1. 横道图

(1) 水平指示图表

流水施工水平指示图表的表达方式，如图 3-3 所示。其横坐标表示持续时间，纵坐标表示施工过程的名称或专业工作队编号。n 条带有编号的水平线表示 n 个施工过程或专业工作队的施工进度安排，其编号①、②……表示不同的施工线。

图中　T——流水施工的计算总工期；

m——施工段的数目；

n——施工过程或专业工作队的数目；

t——流水节拍；

K——流水步距，此图 $K=t$。

(2) 垂直指示图表

流水施工垂直指示图表的表达方式，如图 3-4 所示。其横坐标表示持续时间，纵坐标表示施工项目或施工段的编号。n 条斜

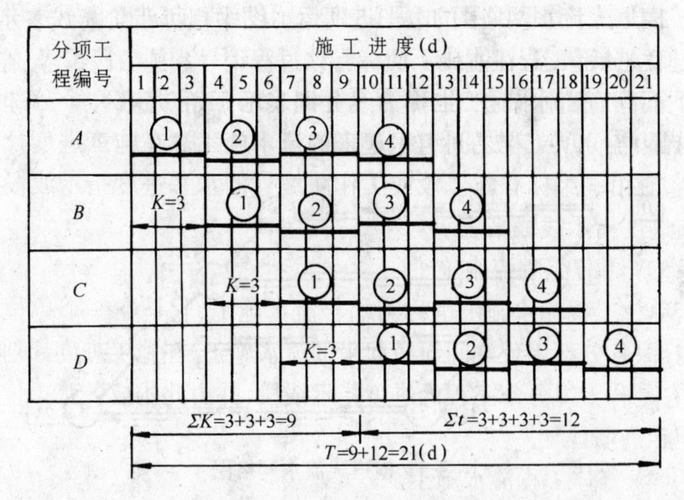

图 3-3　流水施工水平指示图表

向指示线段表示 n 个施工过程或专业工作队的施工进度,图中符号同前。

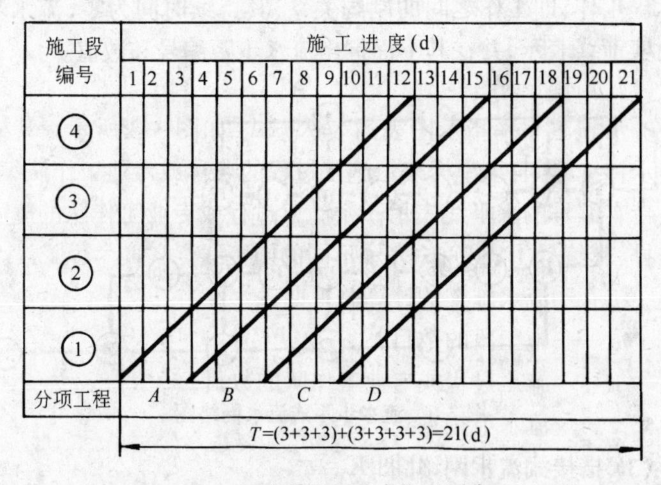

图 3-4　流水施工垂直指示图表

2. 流水网络图

(1) 横道式流水网络图

横道式流水网络图如图 3-5 所示。图中粗黑错阶箭线表示施工过程进展状态，在箭线上面标有该过程编号和施工段编号，在箭线下面标有流水节拍，细黑箭线分别表示开始步距（$K_{j,j+1}$）和结束步距（$J_{j,j+1}$）。带有编号的圆圈表示事件或节点。

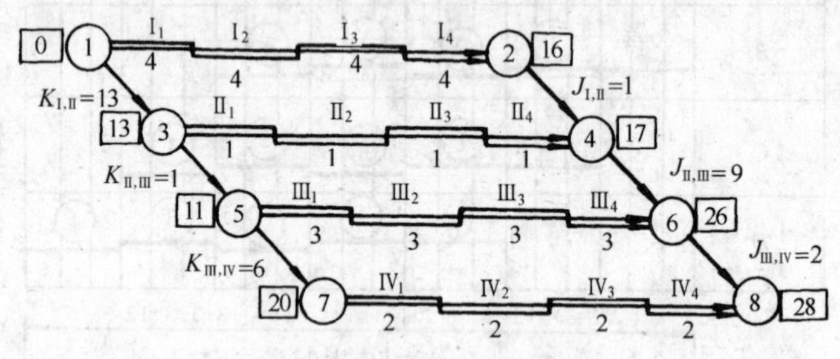

图 3-5　横道式流水网络图

(2) 流水步距式流水网络图

流水步距式流水网络图如图 3-6 所示。图中实箭线表示实工作，其上标有施工过程和施工段编号，其下标有流水节拍；虚箭线表示虚工作，即工作之间的制约关系，其持续时间为零，流水步距也由实箭线表示，并在其下面标出流水步距编号和数值。

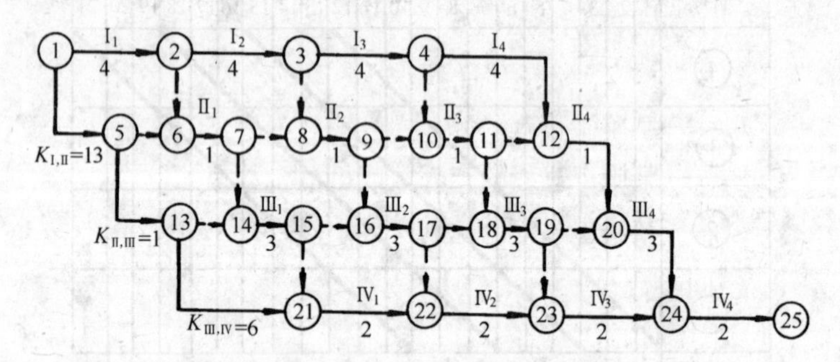

图 3-6　流水步距式流水网络图

(3) 搭接式流水网络图

搭接式流水网络图如图 3-7 所示。图中的大方框表示施工过程，其内标有：施工过程编号、流水节拍、施工段数目、过程开始和结束时间；方框上的实箭线表示相邻两个施工过程结束到结束的搭接时距,即结束步距;方框下面的实箭线表示相邻两个施工过程从开始到开始的搭接时距,即流水步距。

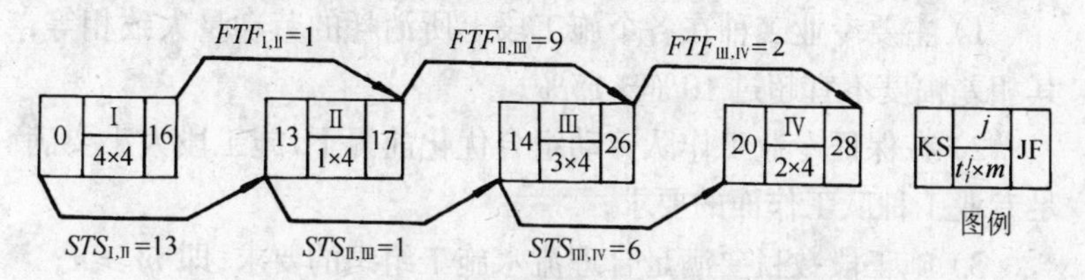

图 3-7 搭接式流水网络图

3.4.2.4 流水参数确定方法

1. 工艺参数

(1) 施工过程

在组织流水施工时,用以表达流水施工在工艺上开展层次的有关过程,统称为施工过程。施工过程数目以 n 表示,根据过程工艺性质不同,它可分为:制备类、运输类和砌筑安装类三种施工过程。

(2) 流水强度

在组织流水施工时,某施工过程在单位时间内所完成的工程数量,称为该过程的流水强度。它可按公式 3-7 计算。

$$V_j = R_j S_j \tag{3-7}$$

式中 V_j——某施工过程(j)流水强度;

R_j——某施工过程的工人数或机械台数;

S_j——某施工过程的计划产量定额。

2. 空间参数

(1) 工作面

在组织流水施工时,某专业工种所必须具备的活动空间,称为该工种的工作面。它可根据该工种的计划产量定额和安全施工技术规程要求确定。

(2) 施工段

为了有效地组织流水施工,通常将施工项目在平面上划分为

若干个劳动量大致相等的施工段落,这些施工段落称为施工段,其数目以 m 表示。在划分施工段时,应当遵循以下原则:

1) 主要专业工种在各个施工段上所消耗的劳动量大致相等,其相差幅度不宜超过10%~15%;

2) 在保证专业工作队劳动组合优化前提下,施工段大小要满足专业工种队工作面的要求;

3) 施工段数目要满足合理流水施工组织的要求,即 $m \geqslant n$;

4) 施工段分界线应尽可能与结构自然线相吻合,如:温度缝、沉降缝或单元界线等处,如果必须将其设在墙体中间时,可将其设在门窗洞口处,以减少施工留茬;

5) 多层施工项目既要在平面上划分施工段,又要在竖向上划分施工层,以确保组织有节奏、均衡、连续流水施工。

(3) 施工层

在组织流水施工时,为满足专业工种对操作高度的要求,通常将施工项目在竖向上划分为若干个作业层,这些作业层均称为施工层。如:砌砖墙施工层高为1.2m,装饰施工层多以楼层为准。

3. 时间参数

(1) 流水节拍

在组织流水施工时,每个专业工作队在各个施工段上所必须持续的时间,均称为流水节拍,并以 t 表示。它通常可由公式(3-8)计算。

$$t_i^j = \frac{Q_i^j}{S_j R_j N_j} = \frac{P_i^j}{R_j N_j} \tag{3-8}$$

式中　t_i^j——专业工作队(j)在某施工段(i)上的流水节拍;

Q_i^j——专业工作队(j)在某施工段(i)上的工程量;

S_j——专业工作队(j)的计划产量定额;

R_j——专业工作队(j)的工人数或机械台数;

N_j——专业工作队(j)的工作班次;

P_i^j——专业工作队(j)在某施工段(i)上的劳动量。

(2) 流水步距

在组织流水施工时,通常将相邻两个基本点专业施工队先后开始施工的合理时间间隔,称为他们之间的流水步距,并以 $K_{j,j+1}$ 表示。在确定流水步距时,通常要满足以下原则:

1) 要满足相邻两个专业工作队在施工顺序上的制约关系;

2) 要保证相邻两个基本点专业工作队在各个施工段上都能够连续作业;

3) 要使相邻两个专业工作队,在开工时间上实现最大限度、合理地搭接;

4) 要保证工程质量,满足安全生产。

(3) 技术间歇

在组织流水施工时,通常将由施工对象的工艺性质决定的间歇时间,统称为技术间歇,并以 $Z_{j,j+1}$ 表示。如:现浇构件养护时间,以及抹灰层和油漆层硬化时间。

(4) 组织间歇

在组织流水施工时,通常将由施工组织原因造成的间歇时间,统称为组织间歇;并以 $G_{j,j+1}$ 表示。如:机械转移时间,以及其他需要很多时间的作业前准备工作。

(5) 平行搭接时间

在组织流水施工时,为了缩短工期,有时在工作面允许的前提下,某施工过程可与其紧前施工过程平行搭接施工,其平行搭接时间以 $C_{j,j+1}$ 表示。

3.4.2.5 流水施工基本方法

1. 全等节拍流水

在组织流水施工时,如果每个施工过程在各个施工段上的流水节拍都彼此相等,其流水步距也等于流水节拍,这种流水施工方式,称为全等节拍流水。其建立步骤如下:

(1) 确定施工起点流向,分解施工过程;

(2) 确定施工顺序;划分施工段;

(3) 确定流水节拍,此时 $t_i^j = t$;

(4) 确定流水步距,此时 $K_{j,j+1}=K=t$;

(5) 按公式(3-9)确定计算总工期;

$$T=(m+n-1)K+\Sigma Z_{j,j+1}+\Sigma G_{j,j+1}-\Sigma C_{j,j+1} \quad (3\text{-}9)$$

式中　T——流水施工方案的计算总工期;

$\Sigma Z_{j,j+1}$——所有技术间歇时间总和;

$\Sigma G_{j,j+1}$——所有组织间歇时间总和;

$\Sigma C_{j,j+1}$——所有平行搭接时间总和;其他符号同前。

(6) 绘制流水施工指示图表。

【例】 某工程由 A、B、C、D 四个分项组成,它在平面上划分成四个施工段,各分项工程在各个施工段上的流水节拍均为 3d,试编制流水施工方案。

【解】 根据题设条件和要求,该题只能组织全等节拍流水。

(1) 确定流水步距

$$K=t=3(\mathrm{d})$$

(2) 确定计算总工期

$$T=(4+4-1)\times 3=21(\mathrm{d})$$

(3) 绘制流水施工指示图表分别如图 3-3、3-4 所示。

2. 成倍节拍流水

在组织流水施工时,如果同一施工过程在各个施工段上的流水节拍彼此相等,而不同施工过程在同一施工段上的流水节拍之间存在一个最大公约数,为加快流水施工速度,可按最大公约数的倍数确定每个施工过程的专业工作队,这便构成了一个工期最短的成倍节拍流水施工方案。成倍节拍流水的建立步骤如下:

(1) 确定施工起点流向,划分施工段;

(2) 分解施工过程,确定施工顺序;

(3) 按以上要求确定每个施工过程的流水节拍;

(4) 按公式(3-10)确定流水步距;

$$K_{\mathrm{b}}=\text{最大公约数}\{\text{各过程流水节拍}\} \quad (3\text{-}10)$$

式中　K_{b}——成倍节拍流水的流水步距。

(5) 按公式(3-11)确定专业工作队的数目；

$$\left.\begin{aligned} b_j &= t_i^j / K_b \\ n_1 &= \sum_{j=1}^{n} b_j \end{aligned}\right\} \tag{3-11}$$

式中 b_j——施工过程(j)的专业工作队数目，$n \geqslant j \geqslant 1$；

n_1——成倍节拍流水的专业工作队总和，其他符号同前。

(6) 按公式(3-12)确定计算总工期；

$$T = (m + n_1 - 1)K_b + \Sigma Z_{j,j+1} + \Sigma G_{j,j+1} - \Sigma C_{j,j+1} \tag{3-12}$$

式中 符号同前。

(7) 绘制流水施工指示图表。

【例】 某工程由支模板、绑钢筋和浇混凝土3个分项工程组成，它在平面上划分为6个施工段，上述3个分项工程在各个施工段上的流水节拍依此为6d、4d和2d。试编制工期最短的流水施工方案。

【解】 根据题设条件和要求，该题只能组织成倍节拍流水，假定题设3个分项工程依次由专业工作队Ⅰ、Ⅱ、Ⅲ来完成，其施工段编号一次为①、②、…、⑥。

(1) 确定流水步距，由公式(3-10)得

$$K_b = 最大公约数\{6;4;2\} = 2(d)$$

(2) 确定专业工作队数目，由公式(3-11)得

$$b_{\mathrm{I}} = t_i^{\mathrm{I}} / K_b = 6/2 = 3(个)$$

$$b_{\mathrm{II}} = t_i^{\mathrm{II}} / K_b = 4/2 = 2(个)$$

$$b_{\mathrm{III}} = t_i^{\mathrm{III}} / K_b = 2/2 = 1(个)$$

$$\therefore n_1 = \sum_{j=1}^{3} b_j = 3 + 2 + 1 = 6(个)$$

(3) 确定计算总工期，由公式(3-12)得

$$T = (6 + 6 - 1) \times 2 = 22(d)$$

(4) 绘制流水施工指示图表，如图3-8所示。

3. 分别流水

在组织流水施工时，如果每个施工过程在各个施工段上的工

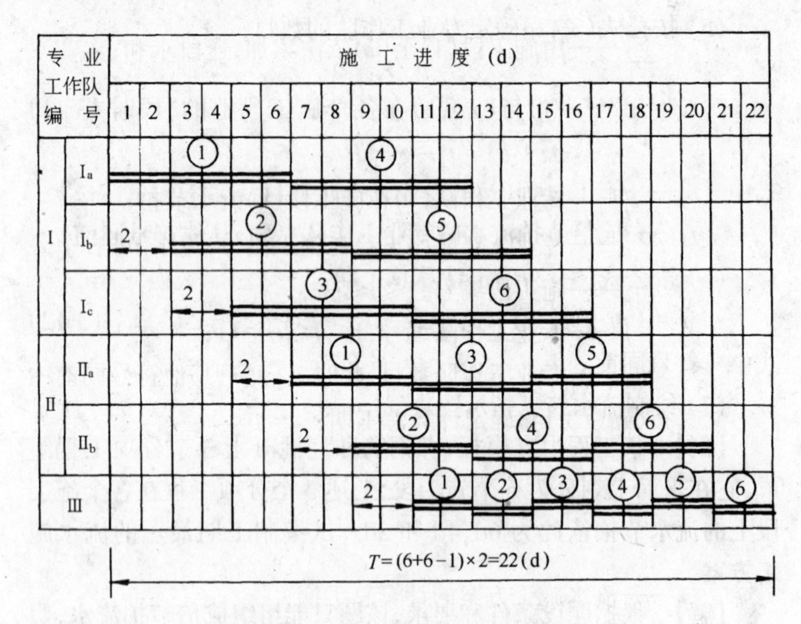

图 3-8　成倍节拍流水指示图表

程量彼此不相等,或者各个专业工作队生产效率相差悬殊,造成多数流水节拍不相等,这时只能按照施工顺序要求,使相邻两个专业工作队最大限度地搭接起来,组织成都能够连续作业的非节奏流水施工,这种流水施工方式,称为分别流水。其建立步骤如下:

(1) 确定施工起点流向,划分施工段;

(2) 分解施工过程,确定施工顺序;

(3) 按公式(3-8)确定流水节拍;

(4) 按公式(3-13)确定流水步距;

$$K_{j,j+1} = \max\left\{k_i^{j,j+1} = \sum_{i=1}^{i} \Delta t_i^{j,j+1} + t_i^{j+1}\right\}$$

$$(1 \leqslant i \leqslant n_1 - 1; 1 \leqslant i \leqslant m) \tag{3-13}$$

式中　$K_{j,j+1}$——专业工作队(j)与($j+1$)之间的流水步距;

max——取最大值;

$k_i^{j,j+1}$——(j)与($j+1$)在各个施工段上的“假定段步距”;

$\sum_{i=1}^{i}$——由施工段(1)至(i)依次累加,逢段求和;

$\Delta t_i^{j,j+1}$——(j)与($j+1$)在各个施工段上的“段时差”,即 $\Delta t_i^{j,j+1}=t_i^j-t_i^{j+1}$;

t_i^j——专业工作队(j)在施工段(i)流水节拍;

t_i^{j+1}——专业工作队($j+1$)在施工段(i)流水节拍;

i——施工段编号,$1\leqslant i\leqslant m$;

j——专业工作队编号,$1\leqslant j\leqslant n_1-1$;

n_1——专业工作队数目,此时 $n_1=n$;其他符号同前。

(5) 按公式(3-14)确定计算总工期;

$$T=\sum_{j=1}^{n_1}K_{j,j+1}+\sum_{i=1}^{m}t_i^{n_1}+\Sigma Z_{j,j+1}+\Sigma G_{j,j+1}-\Sigma C_{j,j+1} \tag{3-14}$$

式中 T——流水施工方案的计算总工期;

$t_i^{n_1}$——最后一个专业工作队(n_1)在各个施工段上的流水节拍。其他符号同前。

(6) 绘制流水施工图表

【例】 某工程由Ⅰ、Ⅱ、Ⅲ、Ⅳ四个施工过程组成,它在平面上划分为6个施工段,每个施工过程在各个施工段上的流水节拍,如表3-14所示。为缩短计划总工期,允许施工过程Ⅰ与Ⅱ有平行搭接时间1d,在施工过程Ⅱ完成后,其响应施工段至少应有技术间歇时间2d,在施工过成完成后,其响应施工段至少应有作业准备时间1d。试编制流水施工方案。

施工持续时间表 **表3-14**

施工过程编号	流水节拍(d)					
	①	②	③	④	⑤	⑥
Ⅰ	4	5	4	4	5	4
Ⅱ	3	2	2	3	2	3

续表

施工过程编号	流水节拍(d)					
	①	②	③	④	⑤	⑥
Ⅲ	2	4	3	2	4	2
Ⅳ	3	3	2	2	3	3

【解】 根据题设条件和要求，该工程只能组织分别流水。

(1) 确定流水步距。由公式(3-13)得：

1) $K_{Ⅰ,Ⅱ}$

$$\begin{array}{rrrrrrrl} & 4, & 5, & 4, & 4, & 5, & 4 & \cdots\cdots \quad t_i^{Ⅰ} \\ -) & 3, & 2, & 2, & 3, & 2, & 3 & \cdots\cdots \quad t_i^{Ⅱ} \\ \hline & 1, & 3, & 2, & 1, & 3, & 1 & \cdots\cdots \quad \Delta t_i^{Ⅰ,Ⅱ} \\ & & (+) & (+) & (+) & (+) & (+) & \\ & 1, & 4, & 6, & 7, & 10, & 11 & \cdots\cdots \quad \sum_{i=1}^{i}\Delta t_i^{Ⅰ,Ⅱ} \\ +) & 3, & 2, & 2, & 3, & 2, & 3 & \cdots\cdots \quad t_i^{Ⅱ} \\ \hline & 4, & 6, & 8, & 10, & 12, & 14 & \cdots\cdots \quad k_i^{Ⅰ,Ⅱ} \end{array}$$

$K_{Ⅰ,Ⅱ} = \max\{k_i^{Ⅰ,Ⅱ}\} = \max\{4,6,8,10,12,14\} = 14(\mathrm{d})$

2) $K_{Ⅱ,Ⅲ}$

$$\begin{array}{rrrrrrr} & 3, & 2, & 2, & 3, & 2, & 3 \\ -) & 2, & 4, & 3, & 2, & 4, & 2 \\ \hline & 1, & -2, & -1, & 1, & -2, & 1 \\ & 1, & -1, & -2, & -1, & -3, & -2 \\ +) & 2, & 4, & 3, & 2, & 4, & 2 \\ \hline & 3, & 3, & 1, & 1, & 1, & 0 \end{array}$$

$K_{Ⅱ,Ⅲ} = \max\{3,3,1,1,1,0\} = 3(\mathrm{d})$

3) $K_{Ⅲ,Ⅳ}$

$$\begin{array}{rrrrrrr} & 2, & 4, & 3, & 2, & 4, & 2 \\ -) & 3, & 3, & 2, & 2, & 3, & 3 \\ \hline & -1 & 1, & 1, & 0, & 1, & -1 \\ & -1, & 0, & 1, & 1, & 2, & 1 \\ +) & 3, & 3, & 2, & 2, & 3, & 3 \\ \hline & 2, & 3, & 3, & 3, & 5, & 4 \end{array}$$

$K_{Ⅲ,Ⅳ}=\max\{2,3,3,3,5,4\}=5(d)$

(2) 确定计算总工期。由题设条件可知:$C_{Ⅰ,Ⅱ}=1d$,$Z_{Ⅱ,Ⅲ}=2d$,$G_{Ⅲ,Ⅳ}=1d$。代入公式(3-14)可得

$$T=(14+3+5)+(3+3+2+2+3+3)+2+1-1$$
$$=22+16+2=40(d)$$

(3) 绘制流水施工指示图表。

该工程流水施工指示图表,如图3-9所示。

3.4.2.6 流水施工排序优化

工程排序优化就是加工过程和加工对象及其排列顺序的优化,也称为流程优化。它可分为单向工程排序优化和双向工程排序优化两种,施工项目的工程排序优化属于单向工程排序优化。

这里介绍一种新而简捷的工程排序优化方法——矩阵法。该法是在保证流水施工条件下,寻求施工项目(或施工段)最优排列顺序的优化方法,其优化目标是计算总工期最短,故该法实质是流水施工排序优化。

1. 基本概念

(1) 基本排序

任何两个施工项目或施工段的排列顺序,匀称为基本排序。如:A和B两个施工项目的基本排序有$A\rightarrow B$和$B\rightarrow A$两种;前者$A\rightarrow B$称为正基本排序,后者$B\rightarrow A$称为逆基本排序。

(2) 基本排序间歇

任何两个施工项目,由于排列顺序不同而造成的施工过程间歇时间的总和,均称为基本排序间歇,并以$Z_{i,i+1}$表示。如:$A\rightarrow B$基本排序间歇记为$Z_{A,B}$,$B\rightarrow A$基本排序间歇记为$Z_{B,A}$。

(3) 基本排序流水步距

任何两个施工项目(i)与$(i+1)$,先后投入到第(j)个施工过程开始施工的时间间隔,均称为基本排序流水步距;即施工项目(i)与$(i+1)$之间的流水步距,并以$K_{i,i+1}$表示。如:$A\rightarrow B$基本排序流水步距记为$K_{A,B}$,$B\rightarrow A$基本排序流水步距记为$K_{B,A}$。

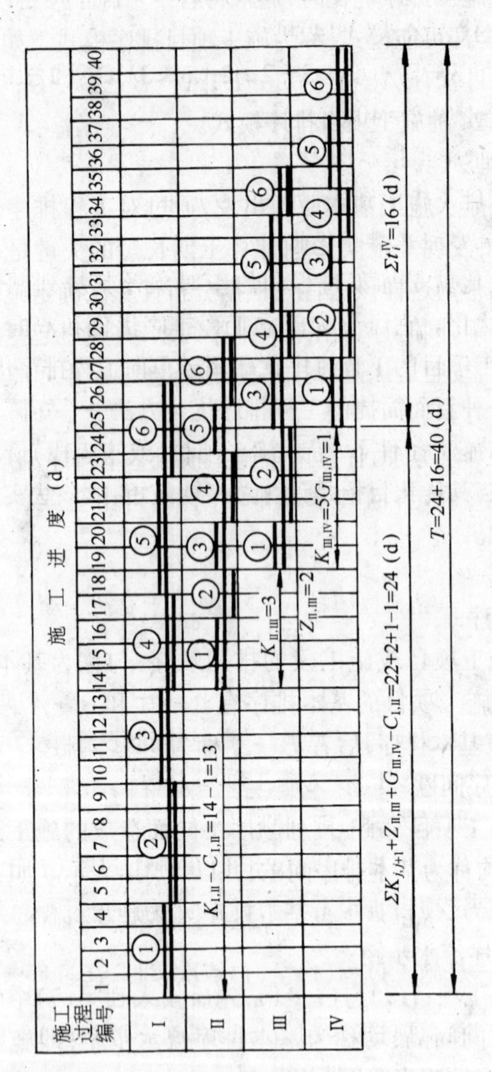

图 3-9　分别流水指示图表

(4) 施工项目排序模式

在进行流水施工排序优化时，通常将若干个施工项目(或施工段)排列顺序的全部可能模式，称为施工项目排序模式。如 A、B、C、D4 个施工项目就有 $A\rightarrow B\rightarrow C\rightarrow D$；$A\rightarrow B\rightarrow D\rightarrow C$；……；$B\rightarrow D\rightarrow A\rightarrow C$ 等 24 种施工项目排序模式。

2. 基本原理

矩阵法是从流水施工基本原理出发，通过对工程排序优化问题深入研究之后，发现并证实影响计算工期长短的关键是基本排序间歇的数值大小。这样该法首先根据分析计算法确定施工项目基本排序流水步距，同时计算出基本排序间歇，并建立起基本排序间歇矩阵表；然后按照最优工程排序模式确定规则，由矩阵表上需求得其最优排序方案。

根据分析计算法原理，任意两个施工项目基本排序流水步距，均可由公式(3-15)确定；而其基本排序间歇，可由公式(3-16)计算。

$$K_{i,i+1} = \max\{k_j^{i,i+1} = \sum_{j=1}^{j} \Delta t_j^{i,i+1} + t_j^{i+1}\} \qquad (3\text{-}15)$$

$$Z_{i,i+1} = \sum_{j=1}^{n} Z_j^{i,i+1} = nK_{i,i+1} - \sum_{j=1}^{n} k_j^{i,i+1} \qquad (3\text{-}16)$$

式中 $K_{i,i+1}$——施工项目(i)与($i+1$)基本排序流水步距；$1\leqslant i\leqslant m-1$，$m$ 为施工项目总数；

max——取最大值；

$k_j^{i,i+1}$——施工项目(i)与($i+1$)在施工过程(j)上的“假定项目步距”；$1\leqslant j\leqslant n$，n 为施工过程总数；

$\sum_{j=1}^{j}$——从施工过程(1)至(j)依次累加，逢过程求和；

$\Delta t_j^{i,i+1}$——施工项目(i)与($i+1$)在施工过程(j)上的流水节拍之差，即 $\Delta t_j^{i,i+1} = t_j^i - t_j^{i+1}$；

t_j^i——施工项目(i)在施工过程(j)上的流水节拍；

t_j^{i+1}——施工项目($i+1$)在施工过程(j)上的流水节拍；

$Z_{i,i+1}$——施工项目(i)与$(i+1)$基本排序间歇；

$Z_j^{i,i+1}$——施工项目(i)与$(i+1)$在施工过程(j)上的排序间歇。

3．基本步骤

(1) 根据公式(3-15)和公式(3-16)，分别计算出全部施工项目各种可能的基本排序流水步距和基本排序间歇数值。

(2) 列出基本排序号间歇矩阵表。

(3) 确定最优工程排序模式规则：

1) 从矩阵表中选出基本排序间歇数值相对最小的有关基本排序；

2) 从选出的基本排序中，找出两个施工总持续时间相对最短的施工项目，先将两者中第一个流水节拍数值相对最小的施工项目排在最前面，再将另一个施工项目排在最后面；

3) 在满足矩阵表上排序要求的前提下，尽可能将施工总持续时间相对最长的施工项目排在中间；

4) 根据施工项目之间的矩阵关系，找出其余项目的最佳排列位置；

5) 在选出的几个工程排序模式中，将工程排序总间歇数值最小者，作为最有工程排序模式，其中工程排序总间歇值可由公式(3-17)确定。

$$Z = \sum_{i=1}^{m-1} Z_{i,i+1} \tag{3-17}$$

式中　Z——工程排序总间歇时间；其他符号同前。

6) 做出优化前后两种方案对比。

【例】 某群体工程由 A、B、C、D、E 五个施工项目组成，他们都要依此经过 4 个施工过程，每个施工项目在各个施工过程上的流水节拍，如表 3-15 所示。如果上述五个施工项目排列顺序是可变的，那么如何安排它们的排列顺序，才能使计算总工期最短。

【解】 该例属于单向工程排序优化问题。

施工持续时间 表 3-15

施工项目名称	流水节拍(d)				T周
	Ⅰ	Ⅱ	Ⅲ	Ⅳ	
A	5	4	5	3	17
B	4	5	3	2	14
C	3	4	5	4	16
D	2	3	4	5	14
E	4	5	4	5	18

(1) 计算基本排序流水步距和排序间歇。

1) $A \rightarrow B$ 和 $B \rightarrow A$

$A \rightarrow B$

$$\begin{array}{rrrrl} & 5, & 4, & 5, & 3 \cdots\cdots t_j^{\mathrm{A}} \\ -) & 4, & 5, & 3, & 2 \cdots\cdots t_j^{\mathrm{B}} \\ \hline & 1, & -1, & 2, & 1 \cdots\cdots \Delta t_j^{\mathrm{A,B}} \end{array}$$

$$\begin{array}{rrrrl} & 1, & 0, & 2, & 3 \cdots\cdots \sum_{j=1}^{j} \Delta t_j^{\mathrm{A,B}} \\ +) & 4, & 5, & 3, & 2 \cdots\cdots t_j^{\mathrm{B}} \\ \hline & 5, & 5, & 5, & 5 \cdots\cdots k_j^{\mathrm{A,B}} \end{array}$$

$K_{\mathrm{A,B}} = \max\{k_j^{\mathrm{A,B}}\} = \max\{5,5,5,5\} = 5$(周)

$$Z_{\mathrm{A,B}} = nK_{\mathrm{A,B}} - \sum_{j=1}^{n} k_j^{\mathrm{A,B}}$$

$$= 4 \times 5 - (5+5+5+5) = 0(\text{周})$$

$B \rightarrow A$

$$\begin{array}{rrrrr} & 4, & 5, & 3, & 2 \\ -) & 5, & 4, & 5, & 3 \\ \hline & -1, & 1, & -2, & -1 \\ & -1, & 0, & -2, & -3 \\ +) & 5, & 4, & 5, & 3 \\ \hline & 4, & 4, & 3, & 0 \end{array}$$

$K_{\mathrm{B,A}} = \max\{4,4,3,0\} = 4$(周)

$Z_{\mathrm{B,A}} = 4 \times 4 - (4+4+3+0) = 5$(周)

同理可得:

2) $A \rightarrow C$ 和 $C \rightarrow A$

$K_{A,C}=7, Z_{A,C}=5; K_{C,A}=3, Z_{C,A}=2$

3) $A \rightarrow D$ 和 $D \rightarrow A$

$K_{A,D}=9, Z_{A,D}=7; K_{D,A}=2, Z_{D,A}=6$

4) $A \rightarrow E$ 和 $E \rightarrow A$

$K_{A,E}=5, Z_{A,E}=1; K_{E,A}=4, Z_{E,A}=0$

5) $B \rightarrow C$ 和 $C \rightarrow B$

$K_{B,C}=6, Z_{B,C}=7; K_{C,B}=4, Z_{C,B}=3$

6) $B \rightarrow D$ 和 $D \rightarrow B$

$K_{B,D}=7, Z_{B,D}=5; K_{D,B}=3, Z_{D,B}=3$

7) $B \rightarrow E$ 和 $E \rightarrow B$

$K_{B,E}=5, Z_{B,E}=4; K_{E,B}=5, Z_{E,B}=2$

8) $C \rightarrow D$ 和 $D \rightarrow C$

$K_{C,D}=7, Z_{C,D}=6; K_{D,C}=2, Z_{D,C}=0$

9) $C \rightarrow E$ 和 $E \rightarrow C$

$K_{C,E}=3, Z_{C,E}=0; K_{E,C}=6, Z_{E,C}=1$

10) $D \rightarrow E$ 和 $E \rightarrow D$

$K_{D,E}=2, Z_{D,E}=4; K_{E,D}=9, Z_{E,D}=8$

(2) 列出基本排序间歇矩阵表,如表 3-16 所示。

基本排序间歇矩阵表 **表 3-16**

i \ i	*A*	*B*	*C*	*D*	*E*
A	□	0	5	7	1
B	5	□	7	5	4
C	2	3	□	6	0
D	6	3	0	□	4
E	0	2	1	8	□

(3) 确定最优工程排序模式。

由表 3-16 看出,基本排序间歇数值相对最小的基本排序有:A→B、C→E、D→C、E→A 四个,其数值均为零。其中施工项目 B→D 施工总持续时间( )相对最短,而施工项目 D 的流水节拍依此为 2、3、4、5(d),施工项目 B 的流水节拍依此为 4、5、3、2( );故施工项目 D 应排在最前面,而施工项目 B 应排在最后面。再分析一下上述 4 个基本排序的矩阵关系,便可以找到最优工程排序模式:

D→C→E→A→B

(4) 优化前后对比

优化前工程排序模式为:A→B→C→D→E,其水平指示图表,如图 3-10 所示,计算总工期为 37 周。

优化后工程排序模式为:D→C→E→A→B,其水平指示图表,如图 3-11 所示,计算总工期为 28 周,比优化前缩短 9 周。

3.4.3 工程网络计划技术

3.4.3.1 概述

1. 基本概念

(1) 工程网络计划技术

它是在 1950 年代后期发展起来的一种科学计划管理方法,并广泛应用于工业、农业、建筑业、国防和科学研究等项目的计划管理。目前,它已形成关键线路法(CPM)、计划评审技术(PERT)和图示评审技术(GERT)等分支系统。

工程网络计划技术是以规定的网络符号及其图形,表达计划工作之间的相互制约和依赖关系,并分析其内在规律,从而寻求其最优方案的计划管理方法。

(2) 工程网络图

工程网络图主要用于工程项目计划管理,它首先将施工项目整个建造过程分解成若干项工作,以规定的网络符号表达各项工作之间的相互制约和相互依赖的关系,并根据它们的开展顺序和相互关系,从左至右排列起来,最后形成一个网状图形,这种网状

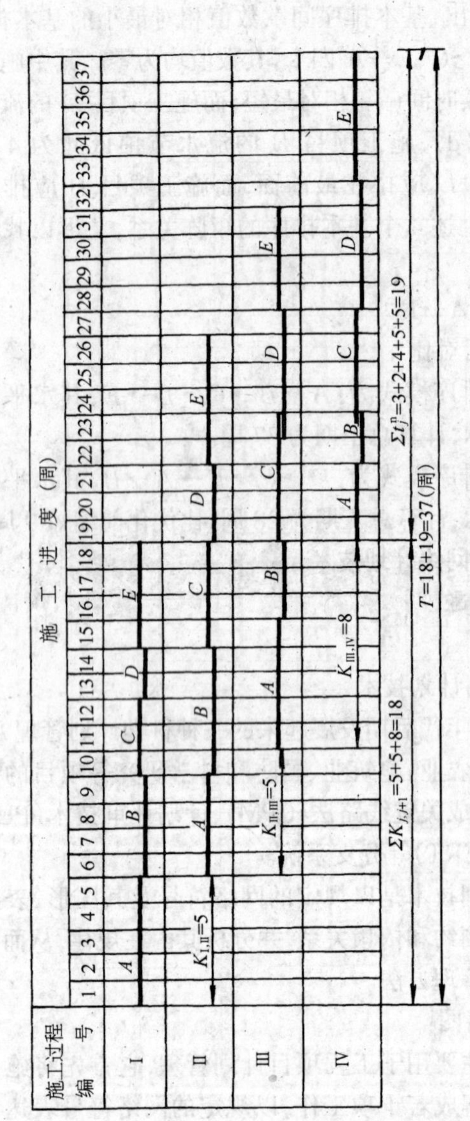

图 3-10　优化前水平指示图表

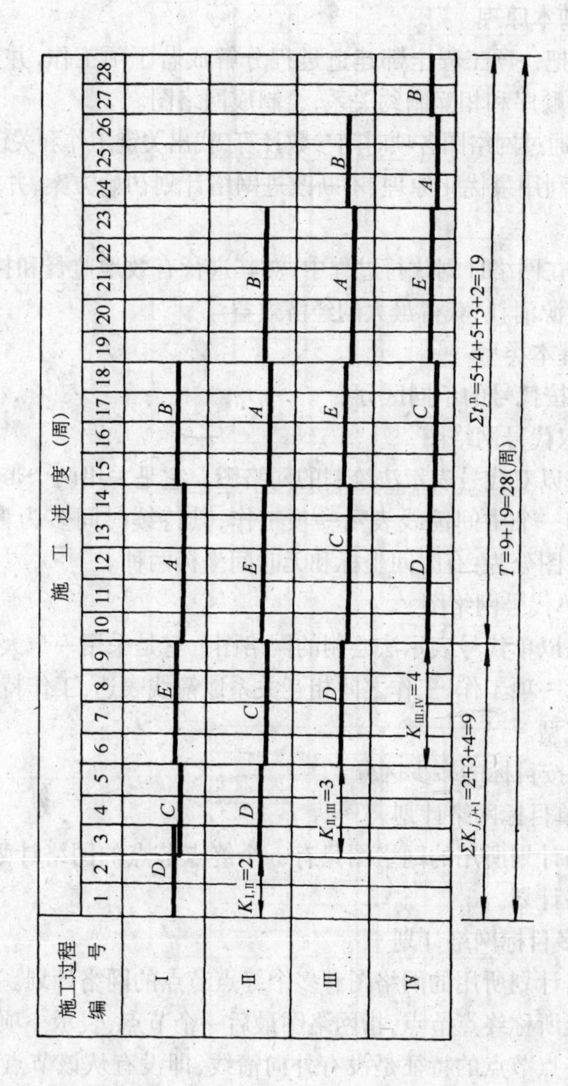

图 3-11 优化后水平指示图表

图形就是工程网络图。其表示方法主要有:双代号网络图和单代号网络图。

2. 基本原理

(1) 把一项工程全部建造过程分解成若干项工作,并按各项工作开展顺序和相互制约关系,绘制成网络图。

(2) 通过网络图各项时间参数计算,找出关键工作和关键线路。

(3) 利用最优化原理,不断改进网络计划初始方案,并寻求其最优方案。

(4) 在网络计划执行过程中,对其进行有效地监督和控制,以最少的资源消耗,获得最大的经济效益。

3. 基本类型

(1) 按代号的不同区分

1) 双代号网络图

它是以双代号表示法绘制的网络图。它是采用两个带有编号的圆圈和一个中间箭线表示一项工作,其持续时间多为肯定型。这种网络图分为:有时间坐标和无时间坐标两种。

2) 单代号网络图

它是以单代号表示法绘制的网络图。它是采用一个大方框或圆圈表示一项工作,工作之间相互关系以箭线表达,工作持续时间多为肯定型。

(2) 按目标的多少区分

1) 单目标网络计划

网络计划所用的网络图只有一个终点节点的网络计划,称单目标网络计划。

2) 多目标网络计划

网络计划所用的网络图有多个终点节点的网络计划。

以上所称终点节点,指网络图最后一个节点,表示一项任务的完成。终点节点的特征是没有外向箭线,即没有从该节点引出的箭线。

单目标网络图和多目标网络图都只有一个起点节点,即网络图的第一个节点,表示任务的开始。起点节点没有内向箭线,即没有指向该节点的箭线。

3) 时标网络计划

时标网络计划是以时间坐标为尺度编制的网络计划。它的特点是箭线长度根据时间的多少绘制。

4) 搭接网络计划

搭接网络计划是前后工作之间有多种逻辑关系的网络计划。

(3) 按肯定与否进行区分

1) 肯定型网络计划

肯定型网络计划指子项目(工作)、工作之间的逻辑关系及各工作的持续时间都肯定的网络计划。

2) 非肯定型网络计划

非肯定型网络计划指计划子项目(工作)、工作之间的逻辑关系及各工作的持续时间三者之中有一项以上不肯定的网络计划。

(4) 按网络计划包含的范围区分

1) 局部网络计划

局部网络计划指以一个建筑物或构筑物中的一部分,或以一个施工段为对象编制的网络计划。

2) 单位工程网络计划

单位工程网络计划是指以一个单位工程或单体工程为对象编制的网络计划。

3) 综合网络计划

综合网络计划是指以一个单项工程或以一个建设项目为对象编制的网络计划。

3.4.3.2 双代号网络图

1. 双代号网络图的组成

双代号网络图是由工作、事件和线路三个基本要素组成,如图3-12所示。

(1) 工作

工作是指能够独立存在的实施性活动。如:工序、施工过程或

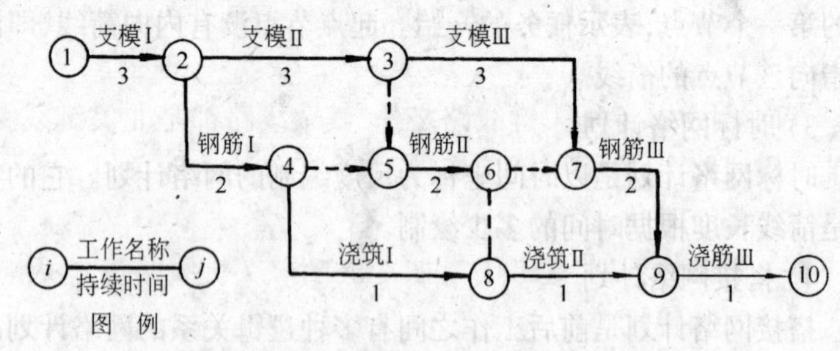

图 3-12　某现浇工程双代号网络图

施工项目等实施性活动。

工作可分为:需要消耗时间和资源的工作,只消耗时间而不消耗资源的工作和不消耗时间及资源的工作三种。前两种为实工作,最后一种为虚工作,工作表示方法如图 3-13 所示。

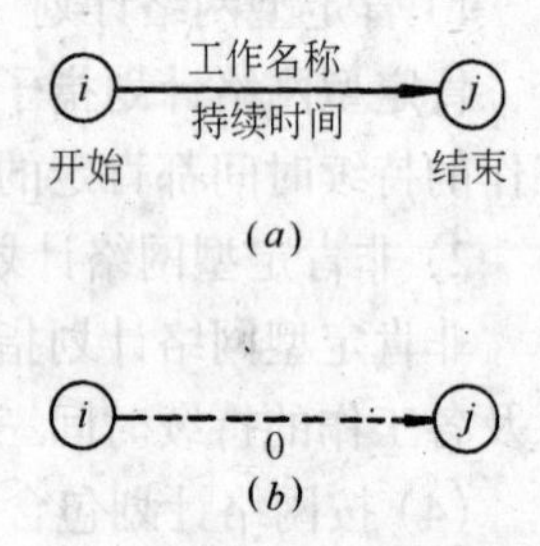

图 3-13　工作示意图
(a)实工作;(b)虚工作

(2) 事件

事件是指网络图中箭线两端带有编号的圆圈,也称作节点。事件表示工作开始或结束的时刻,它既不消耗时间,也不消耗资源。

在双代号网络图中,第一个事件称为原始事件,最后一个称为结束事件,其余事件称为中间事件。事件编号方法有:沿水平方向或沿垂直方向编号,按自然数连续编号,按奇数或偶数编号。不管采用什么编号方法,都必须保证:箭尾事件编号小于箭头编号。

(3) 线路

线路是指网络图从原始事件出发,顺着箭线方向到达网络图的结束事件,中间经由一系列事件和箭线组成的通道。完成某条线路所需的总持续时间,称为该条线路的线路时间。根据每条线路的线路时间长短,可将网络图的线路区分为关键线路和非关键线路两种。

关键线路是指网络图中线路时间最长的线路,其线路时间代表整个网络图的计算总工期。关键线路至少有一条,并以粗箭线或双箭线表示。关键线路上的工作,都是关键工作,关键工作都没有时间储备。

在网络图中,除了关键线路之外,其余线路都是非关键线路。在非关键线路上,除了关键工作外,其余工作均为非关键工作,非关键工作都有时间储备。

在一定条件下,关键工作与非关键工作、关键线路与非关键线路都可以互相转化。

2. 双代号网络图绘制

(1) 绘制基本规则

须正确地表达各项工作之间的逻辑关系,如表 3-17 所示。

双代号与单代号网络逻辑关系表达示例 **表 3-17**

序号	工作间的逻辑关系	网络图上的表示方法		说明
		双代号	单代号	
1	A、B 二项工作,依次进行施工	A B	A B	B 依赖 A,A 约束 B
2	A、B、C 三项工作;同时开始施工	A B C	开始 A B C	A、B、C 三项工作为平行施工方式
3	A、B、C 三项工作;同时结束施工	A B C	A B C 结束	A、B、C 三项工作为平行施工方式
4	A、B、C 三项工作;只有 A 完成之后,B、C 才能开始	A B C	A B C	A 工作制约 B、C 工作的开始;B、C 工作为平行施工方式

续表

序号	工作间的逻辑关系	网络图上的表示方法		说　明
		双代号	单代号	
5	A、B、C 三项工作，C 工作只能在 A、B 完成之后开始	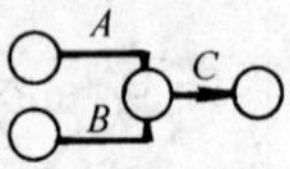	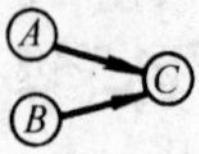	C 工作依赖于 A、B 工作结束；A、B 工作为平行施工方式
6	A、B、C、D 四项工作；当 A、B 完成之后，C、D 才能开始	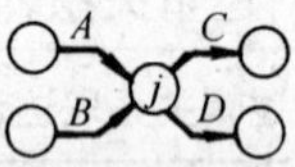	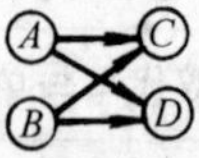	双代号表示法是以中间事件 ⓙ 把四项工作间的逻辑关系表达出来
7	A、B、C、D 四项工作；A 完成之后，C 才能开始；A、B 完成之后，D 才能开始	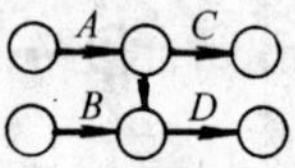	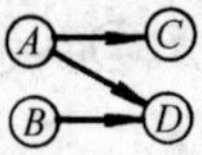	A 制约 C、D 的开始，B 只制约 D 的开始；A、D 之间引入了虚工作
8	A、B、C、D、E 五项工作；A、B 完成之后，D 才能开始；B、C 完成之后，E 才能开始	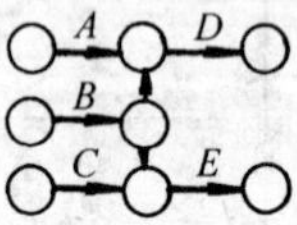	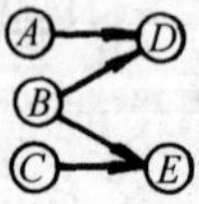	D 依赖 A、B 的完成；E 依赖 B、C 的结束；双代号表示法以虚工作表达 A、C 之间的上述逻辑关系
9	A、B、C、D、E 五项工作；A、B、C 完成之后，D 才能开始；B、C 完成之后，E 才能开始	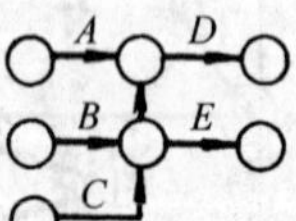	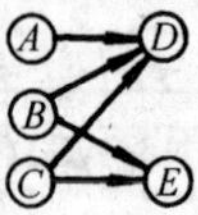	A、B、C 制约 D 的开始；B、C 制约 E 的开始；双代号表示法以虚工作表达上述逻辑关系

续表

序号	工作间的逻辑关系	网络图上的表示方法		说　明
		双代号	单代号	
10	A、B 两项工作；按三个施工段进行流水施工	A_1 A_2 A_3 B_1 B_2 B_3	A_1 A_2 A_3 B_1 B_2 B_3	按工种建立两个专业工作队；分别在 3 个施工段上进行流水作业；双代号表示法以虚工作表达工种间的关系

在同一网络图中，只允许有一个原始事件，不允许再出现没有前导工作的“尾部事件”。

在同一单目标网络图中，只允许有一个结束事件，不允许再出现没有后续工作的“尽头事件”。

在双代号网络图中，不允许出现闭合回路，如图 3-14 所示。

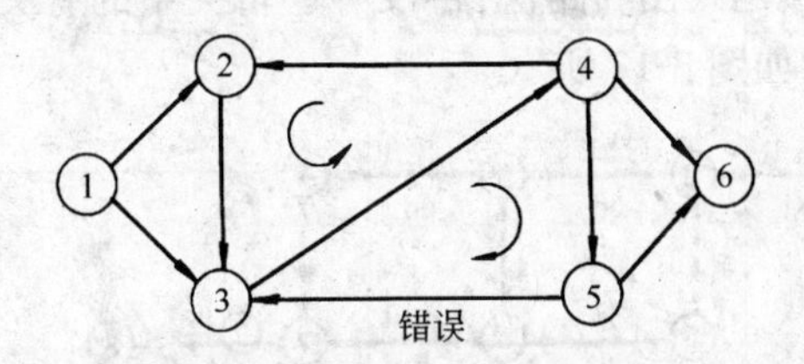

图 3-14　闭合回路示意图

在双代号网络图中，不允许出现重复编号的工作，如图 3-15 所示。

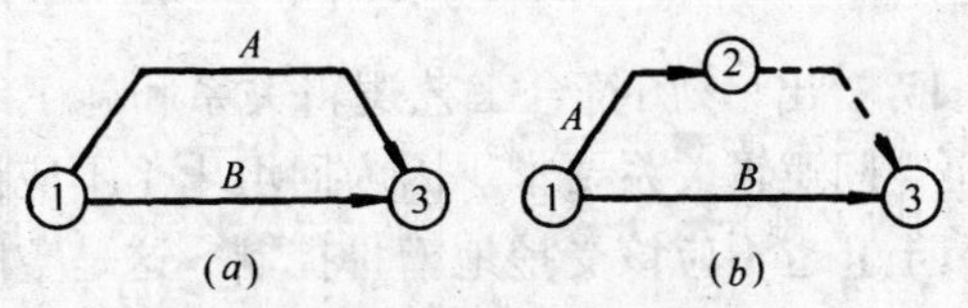

图 3-15　重复编号工作示意图

(a)错误；(b)正确

在双代号网络图中，不允许出现没有起点事件的工作，如图3-16所示。

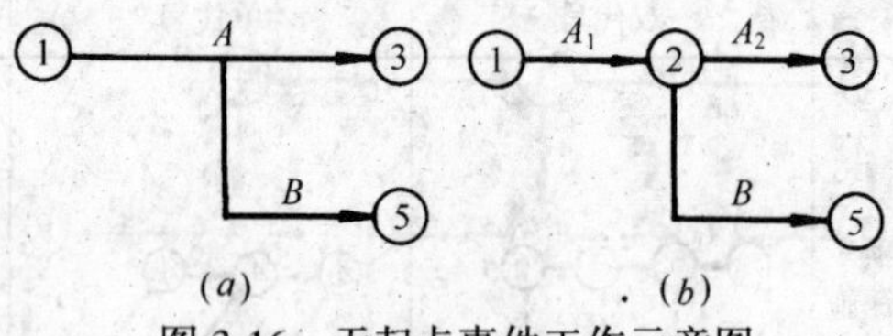

图 3-16　无起点事件工作示意图
(a)错误；(b)正确

(2) 绘图基本方法

在保证逻辑关系正确的前提下，图面布局要合理、层次要清晰、重点要突出。

密切相关的工作尽可能相邻布置，以减少箭线交叉，如无法避免箭线交叉时，可采用暗桥法表示。

尽量采用水平箭线或折线箭线，关键工作和关键线路，要以粗箭线或双箭线表示。

正确使用网络图断路法，将没有逻辑关系的有关工作用虚工作加以隔断，如图 3-17 所示。

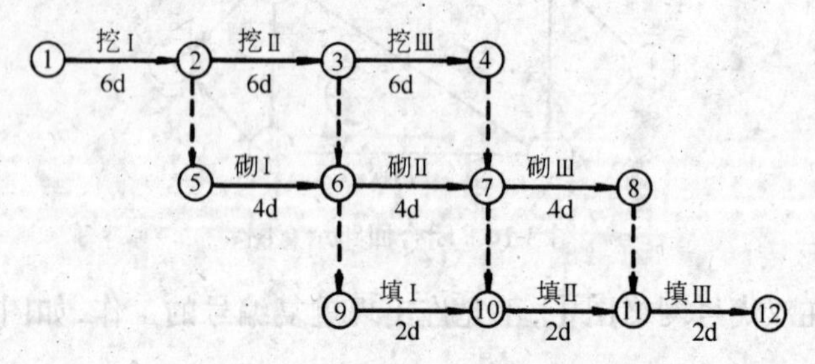

图 3-17　某工程双代号网络图

由图 3-17 看出，该图符合工艺逻辑关系和施工组织程序要求，但不满足空间逻辑关系要求。因为回填土Ⅰ不应该受挖地槽Ⅱ控制，回填土Ⅱ也不应该受挖地槽Ⅲ控制。这是空间逻辑上的表达错误，可以采用横向断路法或纵向断路法将其加以改正，前者用于无时间坐标网络图，后者用于有时间坐标网络图，如图 3-18

和3-19所示。为使图面清晰,要尽可能地减少不必要的虚工作,这可从图3-18和与图3-20或图3-21比较看出。

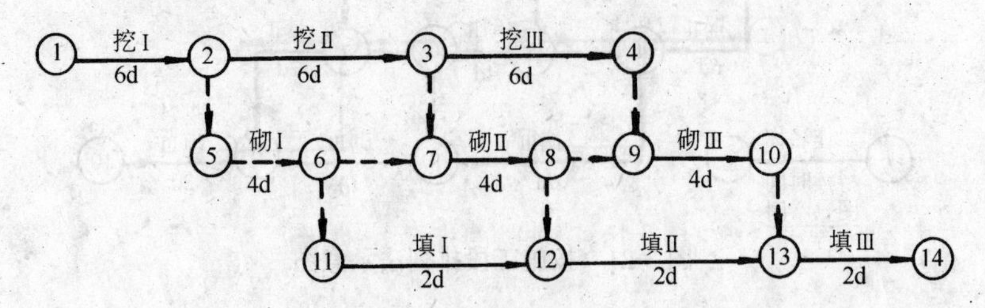

图3-18 横向断路法示意图

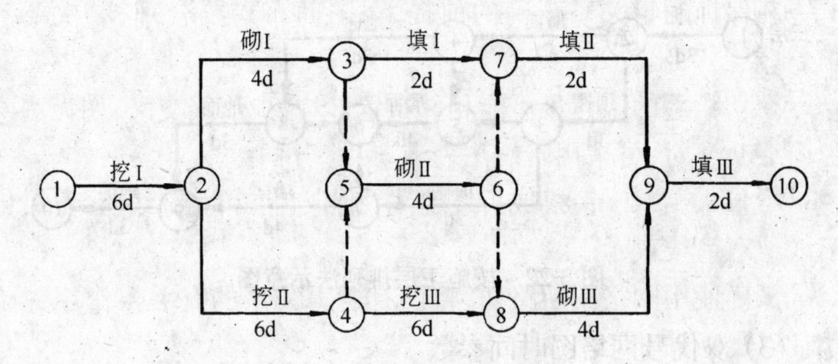

图3-19 纵向断路法示意图

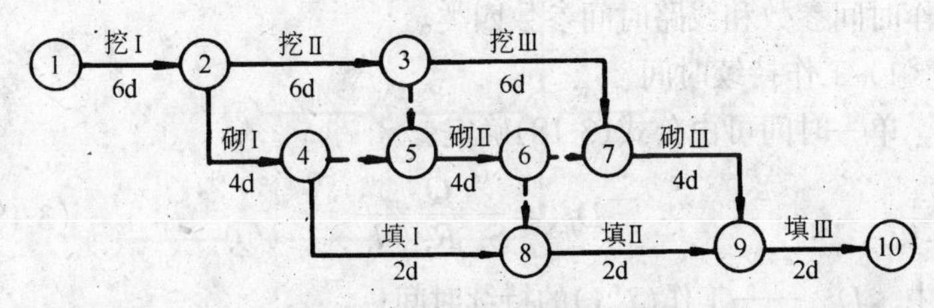

图3-20 按工种排列法示意图

网络图排列方法主要有:按工种、按施工段、按施工层和混合排列4种。它们依此如图3-20、图3-21、图3-22、图3-19所示。

当网络图的工作数目很多时,可将其分解为几块来绘制,各块之间的分界点要设在箭线和事件较少的部位,分界点事件编号要相同,并且画成双层圆圈。单位工程施工网络图的分界点,通常设

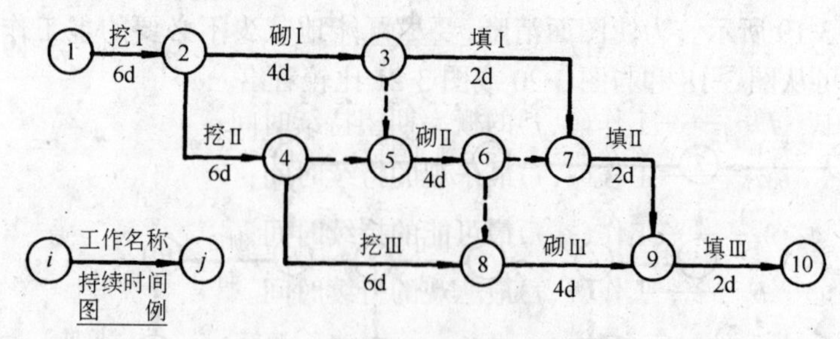

图 3-21　按施工段排列法示意图

在分部工程分界处。

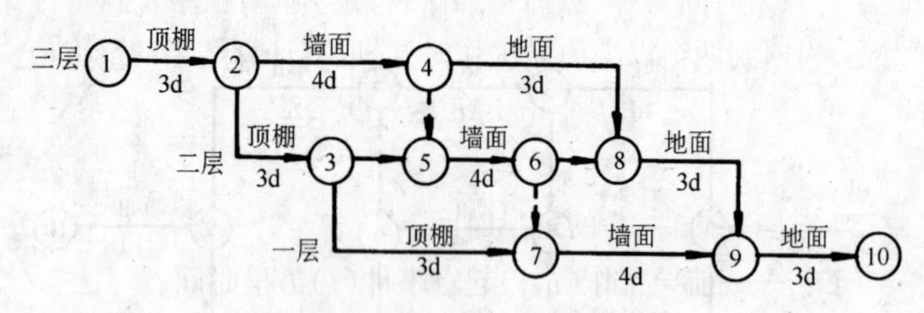

图 3-22　按施工层排列法示意图

(3) 双代号网络图时间参数

双代号网络图时间参数包括:工作持续时间、事件时间参数、工作时间参数和线路时间参数四类。

1) 工作持续时间

单一时间可由公式(3-18)确定。

$$D_{i,j}=\frac{Q_{i,j}}{S_{i,j}R_{i,j}N_{i,j}} \tag{3-18}$$

式中　$D_{i,j}$——工作(i,j)的持续时间;

$Q_{i,j}$——工作(i,j)的工程量;

$S_{i,j}$——工作(i,j)的计划产量定额;

$R_{i,j}$——工作(i,j)的工人数或机械台数;

$N_{i,j}$——工作(i,j)的计划工作班次。

2) 3 种时间可由公式(3-19)确定。

$$D_{i,j}^{e}=\frac{a_{i,j}+4m_{i,j}+b_{i,j}}{6} \tag{3-19}$$

式中 $D_{i,j}^{e}$——工作(i,j)的概率期望持续时间；

$a_{i,j}$——工作(i,j)最乐观的持续时间；

$m_{i,j}$——工作(i,j)最可能的持续时间；

$b_{i,j}$——工作(i,j)最悲观的持续时间。

3）事件时间参数

事件最早时间可由公式(3-20)确定。它是从原始事件开始，并假定其开始时间为零，然后按照事件编号递增顺序直到事件结束为止，当遇到两个以上前导工作时，应取其计算结果的最大值。

$$ET_j=\max\{ET_i+D_{i,j}\}$$
$$(i<j;2\leqslant j\leqslant n) \tag{3-20}$$

式中 ET_j——事件(j)的最早时间；

ET_i——前导工作(i,j)起点事件(i)最早时间；

$D_{i,j}$——前导工作(i,j)的持续时间；

max——取各自计算结果的最大值。

事件最迟时间可由公式(3-21)确定。它是从结束事件开始，通常假定结束事件最迟时间等于其最早时间，然后按照事件编号递减顺序直到原始事件为止，当遇到两个以上后续工作时，应取其相应计算结果的最小值。

$$LT_i=\min\{LT_j-D_{i,j}\}$$
$$(i<j;2\leqslant j\leqslant n-1) \tag{3-21}$$

式中 LT_i——事件(i)的最迟时间；

LT_j——后续工作(i,j)终点事件(j)最迟时间；

$D_{i,j}$——后续工作(i,j)的持续时间；

min——取各自计算结果的最小值。

4）工作时间参数

（A）工作最早可能开始和结束时间可由公式(3-22)计算。

$$\left.\begin{array}{l} ES_{i,j}=ET_i \\ EF_{i,j}=ES_{i,j}+D_{i,j} \end{array}\right\} \quad (3\text{-}22)$$

式中　$ES_{i,j}$——工作(i,j)最早可能开始时间；

$EF_{i,j}$——工作(i,j)最早可能结束时间；其他符号同前。

(B) 工作最迟必须开始和结束时间可由公式(3-23)计算。

$$\left.\begin{array}{l} LF_{i,j}=LT_j \\ LS_{i,j}=LF_{i,j}-D_{i,j} \end{array}\right\} \quad (3\text{-}23)$$

式中　$LF_{i,j}$——工作(i,j)最迟必须结束时间；

$LS_{i,j}$——工作(i,j)最迟必须开始时间；其他符号同前。

(C) 工作总时差和自由时差可由公式(3-24)计算。

$$\left.\begin{array}{l} TF_{i,j}=LT_j-ET_i-D_{i,j}=LF_{i,j}-EF_{i,j}=LS_{i,j}-ES_{i,j} \\ FF_{i,j}=ET_j-ET_i-D_{i,j}=ET_j-EF_{i,j} \end{array}\right\} \quad (3\text{-}24)$$

式中　$TF_{i,j}$——工作(i,j)的总时差，即总机动时间；

$FF_{i,j}$——工作(i,j)的自由时差；其他符号同前。

(D) 线路时间参数

线路时间可由公式(3-25)确定。

$$T_{\mathrm{s}}=\Sigma D_{i,j} \quad (i,j)\in s \quad (3\text{-}25)$$

式中　T_{s}——网络图中某线路(s)的线路时间等于所含工作(i,j)持续时间的总和。

线路时差可由公式(3-26)确定。

$$PL_{\mathrm{s}}=T_{\mathrm{n}}-T_{\mathrm{s}} \quad (3\text{-}26)$$

式中　PL_{s}——某线路(s)的线路时差；

T_{n}——该网络图的计算总工期，即正常总工期；其他符号同前。

5）判断关键工作和关键线路

在双代号网络图中 $TF_{i,j}=0$ 工作就是关键工作，由关键工作组成的线路就是关键线路。关键线路的线路时间，就是该网络图的计算总工期，即 $T_n = ET_n$，结束事件（n）最早时间。

(4) 网络图时间参数计算方法

1) 分析计算法

它是通过各项参数的相应计算公式，列式进行时间参数计算的方法，如：公式(3-20)至(3-24)。

2) 图上计算法

它是根据分析计算法的相应计算公式，直接在网络图上进行各项时间参数计算的方法。

【例】 某工程由挖基槽、砌基础和回填土 3 个分项工程组成，它在平面图上划分为Ⅰ、Ⅱ、Ⅲ三个施工段，各分项工程在各个施工段上的持续时间，如图 3-23 所示。试计算该网络图的各项时间参数。

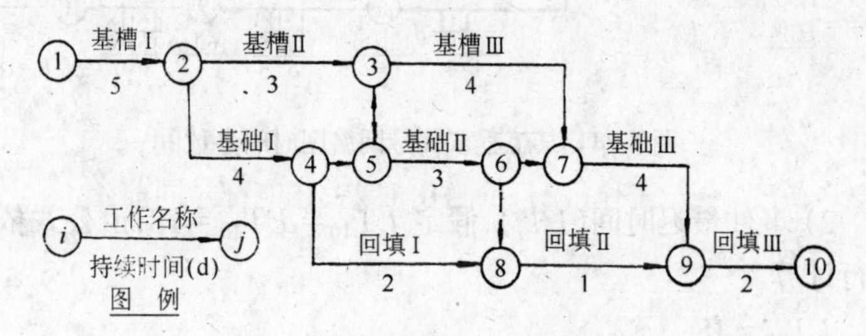

图 3-23　某工程双代号网络图

【解】

分析计算法

(1) 事件时间参数计算

1) 事件最早时间（ET_j），假定 $ET_1 = 0$，由公式依此进行计算。

$ET_1 = 0$；

$ET_2 = ET_1 + D_{1,2} = 0 + 5 = 5$；

$ET_3 = ET_2 + D_{2,3} = 5 + 3 = 8$；

$ET_4 = ET_2 + D_{2,4} = 5 + 4 = 9$；

$$ET_5 = \max\begin{Bmatrix} ET_3 + D_{3,5} = 8 + 0 = 8 \\ ET_4 + D_{4,5} = 9 + 0 = 9 \end{Bmatrix} = 9;$$

$$\vdots \qquad \vdots \qquad \vdots$$

$$ET_9 = \max\begin{Bmatrix} ET_7 + D_{7,9} = 12 + 4 = 16 \\ ET_8 + D_{8,9} = 12 + 1 = 13 \end{Bmatrix} = 16;$$

$ET_{10} = ET_9 + D_{9,10} = 16 + 2 = 18$。

以上计算结果如图 3-24 所示。

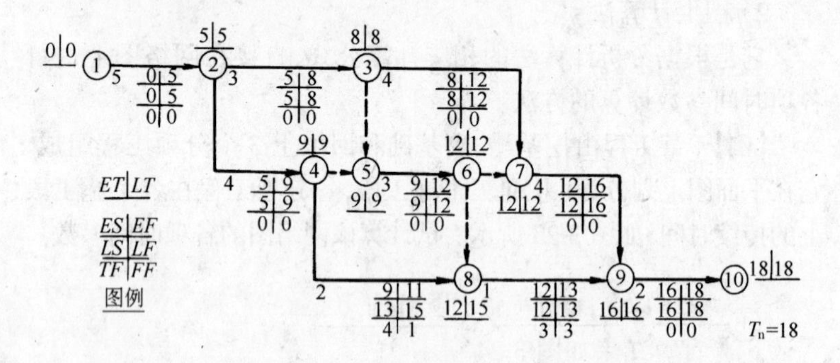

图 3-24　某工程双代号网络图时间参数

2）事件最迟时间(LT_i)，假定 $LT_{10} = ET_{10} = 18$，由公式依此进行计算。

$LT_{10} = 18$;

$LT_9 = LT_{10} - D_{9,10} = 18 - 2 = 16$;

$LT_8 = LT_9 - D_{8,9} = 16 - 1 = 15$;

$LT_7 = LT_9 - D_{7,9} = 16 - 4 = 12$;

$$LT_6 = \min\begin{Bmatrix} LT_7 - D_{6,7} = 12 - 0 = 12 \\ LT_8 - D_{6,8} = 15 - 0 = 15 \end{Bmatrix} = 12;$$

$$\vdots \qquad \vdots \qquad \vdots$$

$$LT_2 = \min\begin{Bmatrix} LT_3 - D_{2,3} = 8 - 3 = 5 \\ LT_4 - D_{2,4} = 9 - 4 = 5 \end{Bmatrix} = 5;$$

$LT_1 = LT_2 - D_{1,2} = 5 - 5 = 0$。

以上计算结果，如图 3-24 所示。

(2) 工作时间参数计算

工作最早可能开始($ES_{i,j}$)和结束($EF_{i,j}$)时间,可由公式(3-22)计算;工作最迟必须结束($LF_{i,j}$)和开始($LS_{i,j}$)时间,可由公式(3-23)计算。

$ES_{1,2}=ET_1=0$,

$EF_{1,2}=ES_{1,2}+D_{1,2}=0+5=5$;

$LF_{1,2}=LT_2=5$,

$LS_{1,2}=LF_{1,2}-D_{1,2}=5-5=0$;

$\vdots \quad \vdots \quad \vdots$

$ES_{9,10}=ET_9=16$,

$EF_{9,10}=ES_{9,10}+D_{9,10}=16+2=18$;

$LF_{9,10}=LT_{10}=18$,

$LS_{9,10}=LF_{9,10}-D_{9,10}=18-2=16$。

以上计算结果如图 3-24 所示。

(3) 工作时差计算

工作总时差($TF_{i,j}$)和自由时差($FF_{i,j}$),可由公式(3-24)计算。

$TF_{1,2}=LF_{1,2}-EF_{1,2}=5-5=0$,

$FF_{1,2}=ET_2-EF_{1,2}=5-5=0$;

$\vdots \quad \vdots \quad \vdots$

$TF_{4,8}=LS_{4,8}-ES_{4,8}=13-9=4$,

$FF_{4,8}=ET_8-EF_{4,8}=12-11=1$;

$\vdots \quad \vdots \quad \vdots$

$TF_{9,10}=LF_{9,10}-EF_{9,10}=18-18=0$,

$FF_{9,10}=ET_{10}-EF_{9,10}=18-18=0$。

以上计算结果,如图 3-24 所示。

(4) 判断关键工作和关键线路

总时差为零的工作就是关键工作,本例关键工作有:1—2、2—3、2—4、3—7、4—5、5—6、6—7、7—9 和 9—10 等 9 项工作。

由关键工作组成的线路就是关键线路,在本例 6 条线路中有两条关键线路,如图 3-24 中粗箭线表示,该网络图的计算总工期为18d。

图上计算法

(1) 事件时间参数计算

假定 $ET_1=0$,按公式依此计算时间最早时间(ET_j);假定$LT_{10}=ET_{10}=18$,按公式依此计算事件最迟时间(LT_i),如图3-24所示。

(2) 工作时间参数计算

工作最早可能开始($ES_{i,j}$)和结束($EF_{i,j}$)时间,按公式计算。工作最迟必须结束($LF_{i,j}$)和开始($LS_{i,j}$)时间按公式计算。如图3-24所示。

(3) 工作时差计算

工作总时差($TF_{i,j}$)和自由时差($FF_{i,j}$)按公式计算,如图 3-24 所示。

(4) 判断关键工作和关键线路

关键工作和关键线路,如图 3-24 所示。

3.4.3.3　单代号网络图

1. 单代号网络图组成

单代号网络图是由工作和线路两个基本要素组成,如图 3-25 所示。

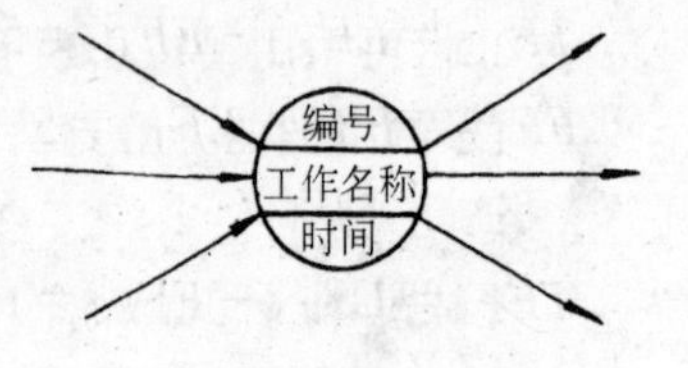

图 3-25　单代号网络图

(1) 工作

在单代号网络图中,工作由节点及其关联箭线组成。通常将节点画成一个大圆圈或方框形式,其内标注工作编号、名称和持续时间。关联箭线表示该工作开始前和结束后的环境关系。

(2) 线路

在单代号网络图中,线路概念、种类和性质与双代号网络图基本类似,此处从略。

2. 单代号网络图绘制

(1) 绘制基本规则

必须正确地表达各项工作之间相互制约和相互依赖关系，如表3-17所示。

在单代号网络图中，只允许有一个原始节点；当有两个以上首先开始的工作时，要设置一个虚拟的原始节点，并在其内标注"开始"二字。

在单代号目标网络图中，只允许有一个结束节点；当有两个以上最后结束的工作时，要设置一个虚拟的结束节点，并在其内标注"结束"二字。

在单代号网络图中，既不允许出现闭合回路，也不允许出现重复编号的工作。

在单代号网络图中，不允许出现双向箭线，也不允许出现没有箭头的箭线。

(2) 绘图基本方法

在保证网络逻辑关系正确的前提下，图面布局要合理，层次要清楚，重点要突出。

密切相关的工作尽可能相邻布置，以便减少箭线交叉，在无法避免交叉时，可采用暗桥法表示。

单代号网络图的分解方法和排列方法，与双代号网络图相应部分类似，此处从略。

3. 单代号网络图时间参数

(1) 工作持续时间

1) 单一时间可由公式(3-27)确定。

$$D_i = \frac{Q_i}{S_i R_i N_i} \tag{3-27}$$

式中 D_i——工作(i)的持续时间；

Q_i——工作(i)的工程量；

S_i——工作(i)的计划产量定额；

R_i——工作(i)的工人数或机械台数；

N_i——工作(i)的计划工作班次。

2) 三种时间可由公式(3-28)确定

$$D_i^e = \frac{a_i + 4m_i + b_i}{6} \tag{3-28}$$

式中　D_i^e——工作(i)的概率期望持续时间；

a_i——完成工作(i)最乐观的持续时间；

m_i——完成工作(i)最可能的持续时间；

b_i——完成工作(i)最悲观的持续时间。

(2) 工作时间参数

1) 工作最早可能开始和结束时间可由公式(3-29)计算。它是从原始节点开始，假定 $ES_1 = 0$，按照节点编号递增顺序直到结束节点为止。当遇到两个以上前导工作时，要取它们各自计算结果的最大值。

$$\left.\begin{aligned} ES_j &= \max\{ES_i + D_i\} = \max\{EF_i\} \\ EF_j &= ES_j + D_j \end{aligned}\right\} \tag{3-29}$$

式中　ES_j——工作(j)最早可能开始时间；

EF_j——工作(j)最早可能结束时间；

D_j——工作(j)的持续时间；

ES_i——前导工作(i)最早可能开始时间；

EF_i——前导工作(i)最早可能结束时间；

D_i——前导工作(i)的持续时间。

2) 工作最迟必须结束和开始时间可由公式(3-30)计算。它是从结束节点开始，假定 $LF = EF$，按照节点编号递减顺序直到原始节点为止。当遇到两个以上后续工作时，要取它们各自计算结果的最小值。

$$\left.\begin{aligned} LF_i &= \min\{LS_j\} \\ LS_i &= LF_i - D_i \end{aligned}\right\} \tag{3-30}$$

式中　LF_i——工作(i)最迟必须结束时间；

LS_i——工作(i)最迟必须开始时间；

D_i——工作(i)的持续时间；

LS_j——后续工作(j)最迟必须开始时间。

3) 工作总时差和自由时差可由公式(3-31)计算。

$$\left.\begin{aligned} TF_i &= LF_i - EF_i = LS_i - ES_i \\ FF_i &= \min\{ES_j\} - EF_i \end{aligned}\right\} \quad (3\text{-}31)$$

式中 TF_i——工作(i)的总时差；

FF_i——工作(i)的自由时差；

ES_j——后续工作(j)最早可能开始时间；其他符号同前。

(3) 线路时间参数

线路时间可由公式(3-32)计算。

$$T_s = \Sigma D_i \quad (i) \in s \quad (3\text{-}32)$$

式中 T_s——某线路(s)的线路时间；

D_i——线路(s)上某工作(i)持续时间。

线路时差可由公式(3-33)计算。

$$PL_s = T_n - T_s \quad (3\text{-}33)$$

式中 PL_s——某线路(s)的线路时差；

T_n——该网络图的计算总工期；T_s 同前。

(4) 判断关键工作和关键线路

工作总时差 $TF_i = 0$ 的工作为关键工作，由关键工作组成的线路就是关键线路，关键线路所确定的工期就是该网络图的计算总工期。

【例】 某工程由 A、B、C 三个分项工程组成，它在平面上划分为Ⅰ、Ⅱ、Ⅲ三个施工段，各分项工程在各个施工段上的持续时间，如图 3-26 所示。试以分析计算法和图上计算法，分别计算该网络图各时间参数。

【解】

分析计算法

(1) 计算 ES_i 和 EF_i

假定 $ES_1 = 0$，按照公式依此进行计算。

$ES_1 = 0$，

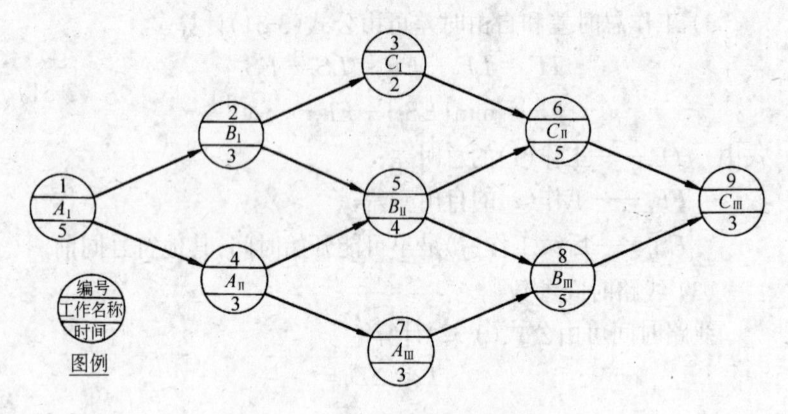

图 3-26　某工程单代号网络图

$EF_1 = ES_1 + D_1 = 0 + 5 = 5$；

$ES_2 = EF_1 = 5$，

$EF_2 = ES_2 + D_2 = 5 + 3 = 8$；

$ES_3 = EF_2 = 8$，

$EF_3 = ES_3 + D_3 = 8 + 2 = 10$；

$ES_4 = EF_1 = 5$，

$EF_4 = ES_4 + D_4 = 5 + 3 = 8$；

$ES_5 = \max\begin{Bmatrix} EF_2 = 8 \\ EF_4 = 8 \end{Bmatrix} = 8$，

$EF_5 = ES_5 + D_5 = 8 + 4 = 12$；

$\vdots \quad \vdots \quad \vdots$

$ES_9 = \max\begin{Bmatrix} EF_6 = 17 \\ EF_8 = 17 \end{Bmatrix} = 17$，

$EF_9 = ES_9 + D_9 = 17 + 3 = 20$。

以上计算结果如图 3-27 所示。

(2) 计算 LF_i 和 LS_i

假定 $LF_9 = EF_9 = 20$，按照公式依此进行计算。

$LF_9 = 20$，

$LS_9 = LF_9 - D_9 = 20 - 3 = 17$;

$LF_8 = LS_9 = 17$,

$LS_8 = LF_8 - D_8 = 17 - 5 = 12$;

$LF_7 = LS_8 = 12$,

$LS_7 = LF_7 - D_7 = 12 - 3 = 9$;

$LF_6 = LS_9 = 17$,

$LS_6 = LF_6 - D_6 = 17 - 5 = 12$;

$$LF_5 = \min\begin{Bmatrix} LS_6 = 12 \\ LS_8 = 12 \end{Bmatrix} = 12,$$

$LS_5 = LF_5 - D_5 = 12 - 4 = 8$;

$\vdots \qquad \vdots \qquad \vdots$

$$LF_1 = \min\begin{Bmatrix} LS_2 = 5 \\ LS_4 = 5 \end{Bmatrix} = 5,$$

$LS_1 = LF_1 - D_1 = 5 - 5 = 0$。

以上计算结果如图 3-27 所示。

(3) 计算 TF_i 和 FF_i

根据公式进行计算。

$TF_1 = LF_1 - EF_1 = 5 - 5 = 0$,

$$FF_1 = \min\begin{Bmatrix} ES_2 = 5 \\ ES_4 = 5 \end{Bmatrix} - EF_1 = 5 - 5 = 0;$$

$TF_2 = LS_2 - ES_2 = 5 - 5 = 0$,

$$FF_2 = \min\begin{Bmatrix} ES_3 = 8 \\ ES_5 = 8 \end{Bmatrix} - EF_2 = 8 - 8 = 0;$$

$TF_3 = LF_3 - EF_3 = 12 - 10 = 2$,

$FF_3 = ES_6 - EF_3 = 12 - 10 = 2$;

$\vdots \qquad \vdots \qquad \vdots$

$TF_9 = LS_9 - ES_9 = 17 - 17 = 0$,

$FF_9 = \min\{ES_{10}\} - EF_9 = 20 - 20 = 0$。

以上计算结果如图 3-27 所示。

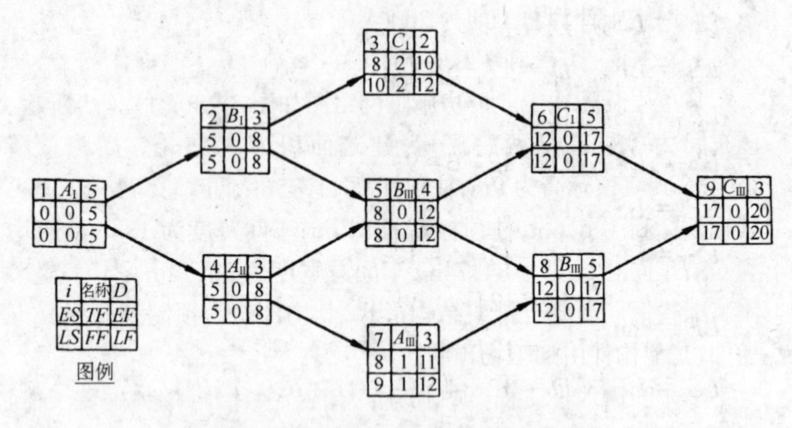

图 3-27　某工程单代号网络图时间参数

(4) 判断关键工作和关键线路

总时差等于零的工作为关键工作，本例关键工作有：A_{I}、A_{II}、B_{I}、B_{II}、B_{III}、C_{II} 和 C_{III} 七项；由关键工作组成的线路为关键线路，本例关键线路为四条；该网络图的计算总工期为 20d，如图 3-27所示。

图上计算法

(1) 计算 ES_j 和 EF_j

由原始节点开始，假定 $ES_1=0$ 根据公式按工作编号递增顺序进行计算，并将计算结果填入相应栏内，如图 3-27 所示。

(2) 计算 LF_i 和 LS_i

由结束节点开始，假定 $LF_9=EF_9=20$ 根据公式按工作编号递减顺序进行计算，并将计算结果填入相应栏内，如图 3-27 所示。

(3) 计算 TF_i 和 FF_i

本例由原始节点开始按照公式逐项工作进行计算，并将计算结果填入相应栏内，如图 3-27 所示。

(4) 判断关键工作和关键线路

本例关键工作为七项,关键线路为 4 条如图 3-27 粗箭线所示。该网络土计算总工期为 20d。

3.4.3.4 工程网络图实例

某单层装配式工业厂房施工网络图如图 3-28(*a*)~(*f*)所示。该车间为单层高低两跨厂房,建筑面积为 3015m^2。高跨总高 15.4m,其轨顶标高为 9m,柱顶标高 11.75m;低跨总高为 12.4m,其轨顶标高为 6.6m,柱顶标高为 8.7m;车间跨度为 18m,柱距均为 6m;车间总长度为 84.74m,车间总宽度为 36.74m。本工程采用装配式钢筋混凝土排架结构形式,其构件均为预制钢筋混凝土构件,其他构件由加工场预制。

本车间由地下工程、预制工程、结构安装工程、墙体砌筑工程、屋面工程、装饰工程和其他工程五个分部工程组成。

地下工程由挖基坑、做垫层、混凝土基础、基础拆模、养护和回填土等分项工程组成。它划分为Ⅰ、Ⅱ、Ⅲ三个施工段,组织流水施工,如图 3-28(*a*)所示。

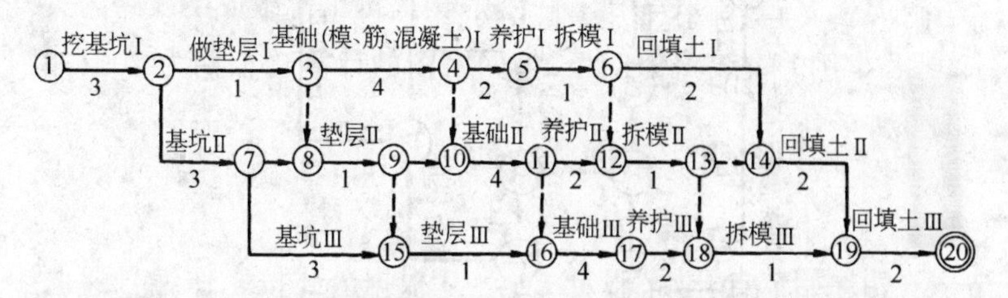

图 3-28(*a*) 某单层装配式工业厂房地下工程施工网络图

预制工程由屋架预制和柱预制两部分组成。屋架预制由屋架支模、绑钢筋、浇混凝土、养护和拆模五个分项工程组成。它划分为Ⅰ、Ⅱ两个施工段;柱预制由柱支模、绑钢筋、浇混凝土、养护和拆模五个分项工程组成,它划分为Ⅰ、Ⅱ、Ⅲ三个施工段,均组织流水施工,如图 3-28(*b*)所示。

结构安装工程由柱安装、吊车梁(含连系梁)安装、屋盖(屋架、天窗架、屋面板)系统和基础梁安装等分项工程组成;采用一台履带式起重机,依此进行结构吊装,如图 3-28(*c*)所示。

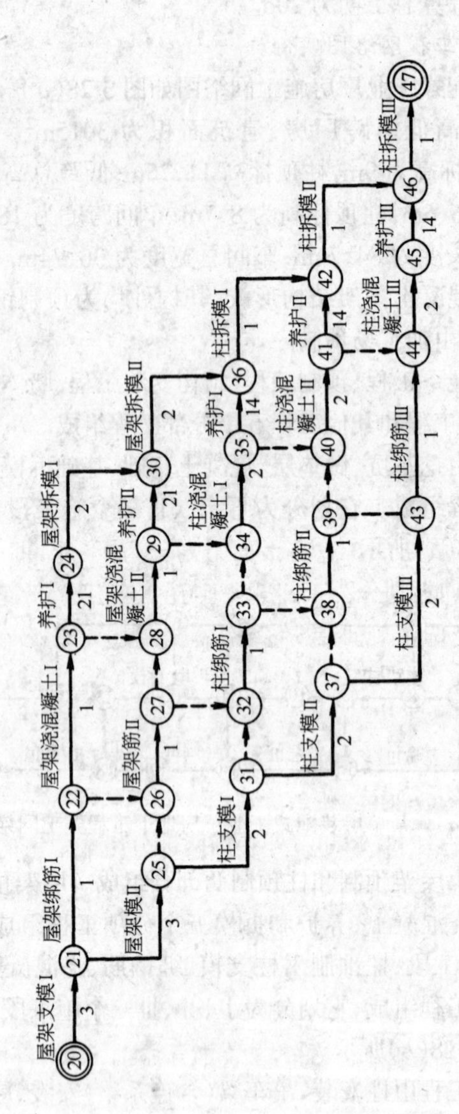

图3-28(b)　某单层装配式工业厂房预制工程施工网络图

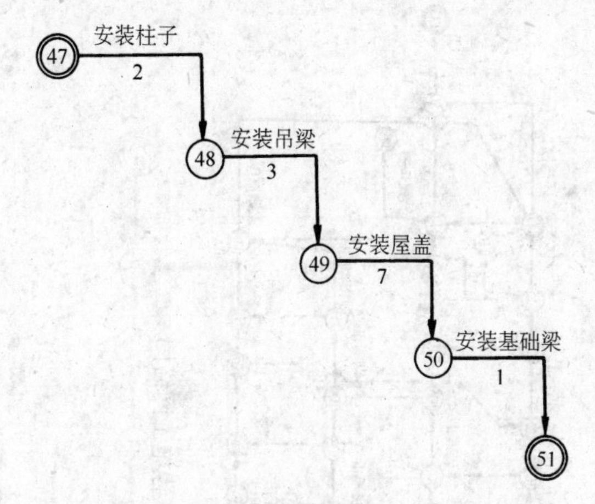

图 3-28(c) 某单层装配式工业厂房结构
安装工程施工网络图

墙体砌筑工程由砌砖墙、搭脚手架、安门窗框(含过梁)和安装屋檐板等分项工程组成。它在平面上划分为Ⅰ、Ⅱ、Ⅲ、Ⅳ四个施工段,高跨在竖向上划分为1、2、3、4、5五个施工层,低跨在竖向上划分为1、2、3、4四个施工层,均组织流水施工,如图3-28(d)所示。

屋面工程由找平层、隔汽层、保温层、找平层(养护)和防水层等分项工程组成。它在平面划分为Ⅰ、Ⅱ、Ⅲ、Ⅳ四个施工段,并组织流水施工,如图3-28(e)所示。

装饰工程由室内装饰和室外装饰两部分组成。室内装饰由粉刷(顶棚和内墙面)、地面垫层(养护)、安门窗扇、门窗油漆和地面面层(养护)等分项工程组成。它划分为Ⅰ、Ⅱ、Ⅲ、Ⅳ四个施工段,室外装饰由外墙面勾缝、拆脚手架、外墙粉刷、散水坡垫层、散水坡面层和门口台阶等分项工程组成。它也划分为Ⅰ、Ⅱ、Ⅲ、Ⅳ四个施工段,均组织流水施工。在室内装饰开始前,要先搭设脚手架,如图3-28(f)所示。

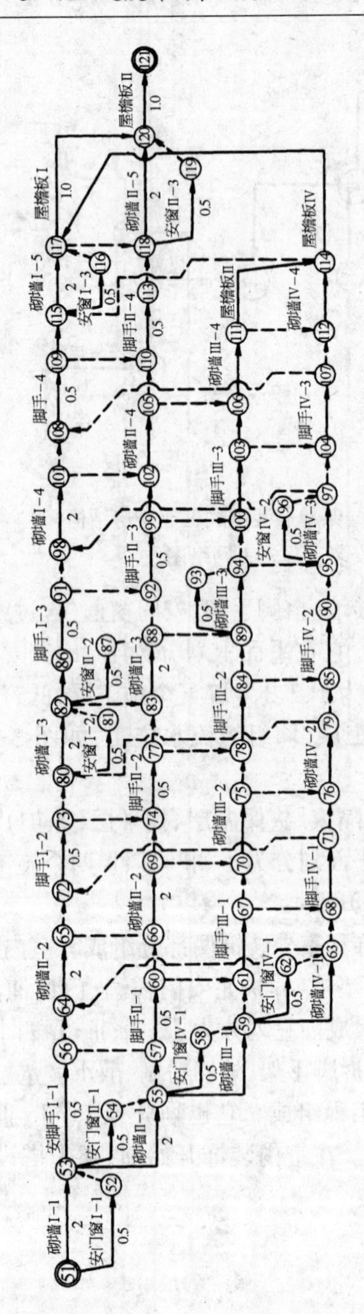

图 3-28(*d*) 某单层装配式工业厂房墙体砌筑工程施工网络图

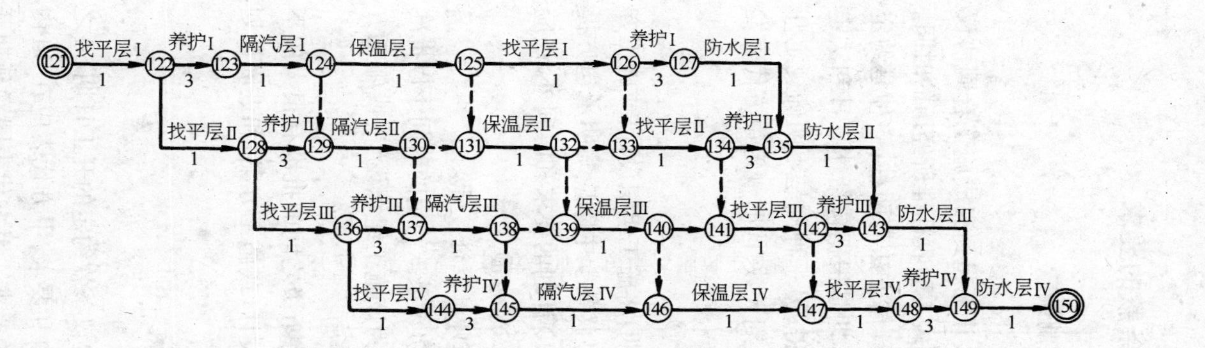

图 3-28(*e*) 某单层装配式工业厂房屋面工程施工网络图

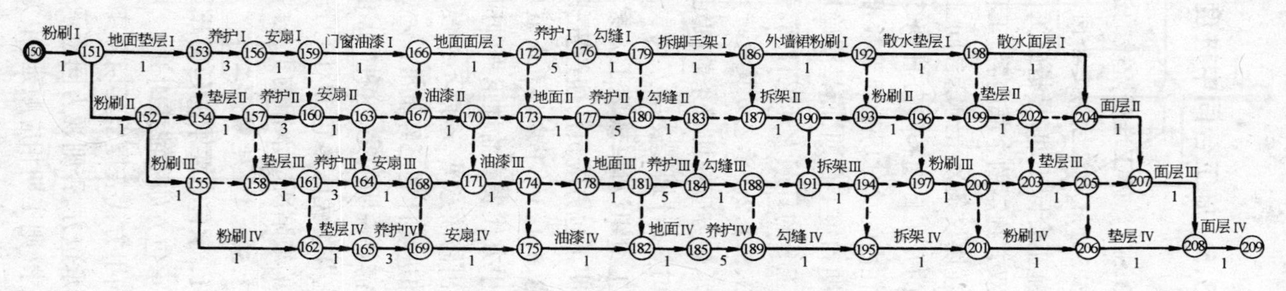

图 3-28(*f*) 某单层装配式工业厂房装饰工程施工网络图

3.5　施工合同中进度控制条款的要求

3.5.1　施工准备阶段的进度控制条款

3.5.1.1　双方约定合同工期

施工合同工期,是指施工工程从开工起到完成施工合同协议条款双方约定的全部内容,工程达到竣工验收标准所经历的时间。

在协议条款中约定合同工期的具体方法有两种:一种是约定具体的开工日期和竣工日期,竣工日期是根据包括休息日和法定假日在内的总日历工期天数推算而得;另一种则是不明确规定开工日期和竣工日期,而是明确规定工期天数,同时规定甲方代表发布开工令的日期为开工日期。

3.5.1.2　承包方提交进度计划

承包方应在协议条款约定的日期,将施工组织设计(或施工方案)和进度计划提交甲方代表。在协议条款中除应写明承包方提交施工组织设计(或施工方案)的进度计划的要求和时间外,还应当写明承包方应负的违约责任和违约金金额。

3.5.1.3　甲方代表或监理工程师批准进度计划

甲方代表或监理工程师应当按协议条款约定的时间予以批准或提出修改意见,逾期不批复,可视为该施工组织设计(或施工方案)和进度计划已经批准。

需要说明的是,这种“批准”与上下级之间的批准有很大的不同,它并不免除承包方对施工组织设计(或施工方案)和进度计划本身的缺陷所应承担的责任。

3.5.1.4　延期开工

1. 承包方要求的延期开工

承包方如不能按时开工,应在协议条款约定的开工日期 5d 之前,向甲方代表提出延期开工的理由和要求,甲方代表应在 3d 内答复承包方,否则视为同意承包方的要求。甲方代表同意延期开工要求,则工期相应顺延;甲方代表不同意延期开工要求,或者承包方未在规定时间内提出延期开工要求,竣工日期不予顺延。

经甲方代表同意的延期开工,不视为承包方违约;否则,应视承包方违约。

2. 发包方要求的延期开工

发包方在征得承包方同意,以书面形式通知承包方后可推迟开工日期,但发包方应承担承包方因此造成的经济支出,相应顺延工期。

3.5.1.5 其他准备工作

在开工前,合同双方还应做好各项其他准备工作。包括双方的一般责任,工程款的预付、材料设备的采购等。

3.5.2 施工阶段的进度控制条款

3.5.2.1 监督进度计划的执行

承包方必须按批准的进度计划组织施工,接受甲方代表对进度的检查、监督。一般情况下,甲方代表每月检查一次承包方的进度计划执行情况,由承包方提交一份上月进度实际执行情况报告和本月的施工计划。

工程实际进展与进度计划不符时,承包方应按甲方代表的要求提出改进措施,报甲方代表批准后执行。如果采用改进措施一段时间后,工程实际进展赶上了进度计划,则仍可按原进度计划执行;如果采用改进措施一段时间后,工程实际进展仍明显与进度计划不符,则甲方代表可要求承包方修改原进度计划,并交甲方代表批准。但这种批准并不是甲方代表对工程延期的批准,而仅仅是要求承包方在合理的状态下施工。

3.5.2.2 暂停施工

1. 甲方代表要求的暂停施工

甲方代表在确有必要时,可要求承包方暂停施工,并在提出要求后 48h 内提出处理意见。承包方按甲方要求停止施工,妥善保护已完工程,直至甲方代表处理意见后向其提出复工要求,甲方代表批准后继续施工。甲方代表未能在规定时间内提出处理意见,或收到承包方复工要求后 48h 内未予答复,承包方可自行复工。

停工责任在甲方，由甲方承担经济支出，相应顺延工期；停工责任在承包方，由承包方承担发生的费用。因甲方代表不及时作出答复，施工无法进行，承包方可以认为甲方已部分或全部取消合同，由甲方承担违约责任。

2. 由于甲方违约，承包方主动暂停施工

如甲方不支付工程款，并且在收到承包方要求付款的通知后仍不能按要求支付，承包方可在发出通知 5d 后停止施工。

3. 意外情况导致的暂时停工

在施工过程中，如果出现一些意外情况，如：发现有价值的文物等，承包方应暂停施工，与甲方代表协商处理方案。

3.5.2.3　设计变更

1. 承包方对原设计进行变更

承包方对原设计进行变更，须经甲方代表同意，并由甲方取得以下批准：

(1) 超过原设计标准和规模时，须经原设计和规划审查部门批准，取得相应追加投资和材料指标；

(2) 送原设计单位审查，取得相应图纸和说明。

2. 甲方对原设计进行变更

施工中甲方对原设计进行变更，在取得上述两项批准后，向承包方发出变更通知，承包方按通知进行变更，否则，承包方有权拒绝变更。

3. 变更事项

双方办理变更、洽商后，承包方按甲方代表要求，进行下列变更：

(1) 增减合同中约定的工程数量；

(2) 更改有关工程的性质、质量、规格；

(3) 更改有关部分的标高、基线、位置和尺寸；

(4) 增加工程需要的附加工作；

(5) 改变有关工程的施工时间和顺序。

因以上变更导致的经济支出和承包方损失，由甲方承担，延误的工期相应顺延。

3.5.2.4 工期延误

对以下造成竣工日期推迟的延误，经甲方代表确认，工期相应顺延：

1. 工程量变化和设计变更；

2. 一周内，非承包方原因停水、停电、停气造成停工累计超过8h；

3. 不可抗力；

4. 合同中约定或甲方代表同意给予顺延的其他情况。

承包方在以上情况发生后5d内，就延误的内容和因此发生的经济支出向甲方代表提出报告，甲方代表在收到报告后5d内予以确认、答复，逾期不予答复，承包方即可视为延期要求已被确认。

3.5.2.5 工期提前

1. 工期提前的协商

施工中如需提前竣工，经双方协商一致后签订提前竣工协议，合同竣工日期可以提前。承包方按此修订进度计划，报甲方代表批准。甲方代表应在5d内给予批准，并为赶工提供方便条件。

2. 提前竣工协议的主要内容

提前竣工协议包括以下主要内容：

(1) 提前的时间；

(2) 承包方采取的赶工措施；

(3) 甲方为赶工提供的条件；

(4) 赶工措施的经济支出和承担；

(5) 提前竣工收益(如果有)的分享。

3.5.3 竣工验收阶段的进度控制条款

工程具备竣工验收条件，承包方按国家工程竣工有关规定，向甲方代表提供完整竣工资料和竣工验收报告。按协议条款约定的日期和份数向甲方提交竣工图。甲方代表收到竣工验收报告后，在协议条款约定时间内组织有关部门验收，并在验收5d内给予批准或提出修改意见。甲方代表在收到乙方送交的竣工验收报告后

10d 内无正当理由不组织验收,或验收后 5d 内不予批准且不能提出修改意见,可视为竣工验收报告已被批准,即可办理结算手续。

竣工日期为承包方送交竣工验收报告的日期,需修改后才能达到竣工要求的,应为承包方修改后提请甲方验收的日期。

甲方如果不能按协议条款约定的日期组织验收,则应从约定期限最后一天的次日起承担工程保管费用。

因特殊原因,部分单位工程和部位须甩项竣工时,双方订立甩项竣工协议,明确各方责任,甩项竣工协议应当明确甩项工程内容、数量、投资,规定明确的完成期限。

3.6 施工项目的施工统计管理

3.6.1 施工统计管理的作用

施工统计在工程管理中的作用是:

1. 能伴随施工项目管理全过程,准确、及时、全面、系统地搜集、整理、分析研究各种统计资料;

2. 能准确地反映工程施工项目的进度、消耗,对计划的执行情况进行监督;

3. 能及时反映和考核施工项目各种计划的执行情况,为及时调整各种计划和加强项目管理提供真实依据;

4. 能为施工企业综合统计提供施工项目统计依据,并为项目管理理论的研究和总结经验服务。

3.6.2 施工统计管理的工作内容

由于施工项目管理是以一个工程施工项目为对象,从工程开工到竣工交付使用的一次性全过程的管理,因此施工项目的统计管理也具有一次性、全过程的特征。它随着施工项目存在而存在,随施工项目竣工而结束。它的工作范围就是以施工项目经济活动的开始为起点,以施工项目经济活动结束为终点。其具体内容包括:施工项目的实物量统计、施工项目的价值量统计、施工项目的形象进度统计和建立健全统计台账。

3.6.2.1 实物量统计包括:土建工程实物量统计和安装工程实物量统计。

土建工程实物量统计包括:土石方工程、打桩工程、砌筑工程、混凝土工程、抹灰工程、门窗工程、屋面工程等统计。

安装工程实物量统计包括:管道和电缆敷设工程、室内外采暖工程、通风工程、机械设备安装工程等统计。

3.6.2.2 工程形象进度统计是用定量词(绝对数、百分数、分数)表示工程部位的形象进度,包括土建工程和安装工程。

土建工程部位划分:桩基、基础、结构、装饰、装潢等。

安装工程部位划分:埋管阶段、毛坯管阶段、设备安装阶段和调试阶段等。

3.6.2.3 价值量统计还可延伸为施工产值统计、竣工产值统计、施工工期统计、房屋建筑面积统计等。

产值统计包括营业额、施工产值、工业产值、分包产值等。

竣工产值指报告期内竣工单位工程的全部价值。

施工工期统计包括开工日期、施工工期、合同(定额)工程技术人员达到率等。

房屋建筑面积统计包括开工面积、竣工面积、施工面积竣工率等。

3.6.2.4 工程施工统计台账包括:建设项目统计台账、单位工程统计台账、单位工程进度台账、分项工程统计台账、生产经营主要指标台账、监理审批工作量、工程量台账等。

3.6.3 施工统计管理的统计分析

数据是进行一切管理工作的基础,“一切用数据说话”才能做出科学的判断。项目施工统计就是运用数理统计方法,通过收集整理施工中各种数据,据实进行分析,发现存在问题,及时采取措施和对策,针对性的进行纠正和预防。施工统计分析的方法多种多样,常用的有以下几种方法:

3.6.3.1 分层法

分层法又称分类法或分组法,就是将收集到的施工统计数据,按统计分析的需要,进行分类整理使之系统化,以便于找到施工中产生问题的原因,及时采取措施加以预防。

分层法多种多样,可按班次日期分类;按操作人员工龄、技术等级分类;按施工方法分类;按设备型号、施工生产组织分类;按材料数量、规格、供料单位及时间等分类。

3.6.3.2　调查分析法

调查分析法又称调查表法,它是利用表格形式进行数据收集和统计的一种方法。表格形式要根据需要自行设计,应便于统计、分析。

3.6.3.3　排列图法

排列图法又叫巴氏图法或巴雷特图法,也叫主次因素分析图法。排列图画有两个纵坐标:左侧纵坐标表示产生影响问题频数;右侧纵坐标表示产生影响问题频率,即累计百分数。图中横坐标表示影响问题的各个不良因素或项目,按影响程度的大小,从左到右依次排列。每个直方图形的高度表示该因素影响的大小,图中曲线称为巴雷特曲线。运用排列图,便于找出主次矛盾,使错综复杂的问题一目了然,有利于采取措施加以改善。

3.6.3.4　因果分析图法

因果分析图又叫特性要素图、鱼刺图、树枝图。这是一种逐步深入研究和分析发生问题的图示方法。在工程实践中任何一种问题的发生,往往是多种原因造成的。这些原因有大有小,把这些原因依照大小次序分别用主干、大枝、中枝、小枝图形表示出来,便可一目了然地系统观察出产生问题的原因。运用因果分析图可以帮助制定对策,解决工程施工中存在的问题,从而达到控制的目的。

3.6.3.5　管理图法

管理图又叫控制图,它是反映施工工序随时间变化而发生的动态变化状态,即反映施工过程中各个阶段各种波动状态的图形。管理图法是利用上下波动控制界限,将各种影响因素特征控制在正常波动范围内,一旦有异常原因产生波动,通过管理图立即可以看出,能及时采取措施预防更大问题的发生。

3.7 施工进度控制

3.7.1 施工进度控制的概念

3.7.1.1 施工进度控制的概念

施工进度控制是施工项目管理中的重点控制目标之一。它是保证施工项目按期完成,合理安排资源供应、节约工程成本的重要措施。

施工进度控制是指在既定的工期内,编制出最优的施工进度计划,在执行该计划的过程中,经常检查施工实际情况,并将其与计划进度相比较,若出现偏差,则应分析产生的原因和对工期的影响程度,制定出必要的调整措施,修改原计划,不断的如此循环,直到竣工验收。

施工进度控制应以实现施工合同的交工日期为最终目标。

施工进度控制的总目标是确保施工项目既定目标的实现,或者在保证施工质量和不因此而增加施工实际成本的前提下,适当缩短工期。施工项目进度控制的总目标应进行层层分解,形成实施进度控制、相互制约的目标体系。目标分解,可按单项工程分解为交工分目标;按承包的专业或施工阶段分解为完工分目标;按年、季、月计划分解为时间分目标。

施工进度计划控制应建立以项目经理为首的控制体系,各子项目负责人、计划人员、调度人员、作业队长和班组长都是该体系的成员。各承担施工任务者和生产管理者都应承担进度控制目标,对进度控制负责。

3.7.1.2 施工进度控制程序

施工进度控制是各项目标实现的重要工作,其任务是实现项目的工期或进度目标。主要分为进度的事前控制、事中控制和事后控制。

1. 进度的事前控制内容为:

(1) 编制项目实施总进度计划,确定工期目标,作为合同条款和审核施工计划的依据；

(2) 审核施工进度计划，看其是否符合总工期控制的目标要求；

(3) 审核施工方案的可行性、合理性和经济性；

(4) 审核施工总平面图，看其是否合理、经济；

(5) 编制主要材料、设备的采购计划；

(6) 完成现场的障碍物拆除，进行“七通一平”，创造必要的施工条件；

(7) 按合同规定接收设计文件、资料及地方政府和上级的批文；

(8) 按合同规定准备工程款项。

2. 进度的事中控制内容为：

(1) 进行工程进度的检查。审核每旬、每月的施工进度报告，一是审核计划进度与实际进度的差异；二是审核形象进度、实物工程量与工作量指标完成情况的一致性。

(2) 进行工程进度的动态管理，即分析进度差异的原因，提出调整的措施和方案，相应调整施工进度计划、设计计划、材料供应计划和资金计划，必要时调整工期目标。

(3) 组织现场的协调会，实施进度计划调整后的安排。

(4) 定期向业主、监理单位及上级机关报告工程进展情况。

3. 进度的事后控制内容：

当实际进度与计划进度发生差异时，在分析原因的基础上应采取以下措施：

(1) 制定保证总工期不突破的对策措施；

(2) 制定总工期突破后的补救措施；

(3) 调整相应的施工计划，并组织协调和平衡。

4. 项目经理部的进度控制应按下列程序进行：

(1) 根据施工合同确定的开工日期、总工期和竣工日期确定施工目标，明确计划开工日期、计划总工期和计划竣工日期，确定项目分期分批的开、竣工日期；

(2) 编制施工进度计划,具体安排实现前述目标的工艺关系、组织关系、搭接关系、起止时间、劳动力计划、材料计划、机械计划、其他保证性计划;

(3) 向监理工程师提出开工申请报告,按监理工程师开工令指定的日期开工;

(4) 实施施工进度计划,在实施中加强协调和检查,若出现偏差(不必要的提前或延误)及时进行调整,并不断预测未来进度状况;

(5) 项目竣工验收前抓紧收尾阶段进度控制,全部任务完成后进行进度控制总结,并编写进度控制报告。

3.7.1.3 施工进度控制方法、措施和主要任务

1. 施工进度控制方法

施工进度控制方法主要是规划、控制和协调。规划是指确定施工项目总进度目标和分进度控制目标,并编制其进度计划。控制是指在施工项目实施的全过程中,进行施工实际进度与施工计划进度的比较,出现偏差及时采取措施调整。协调是指疏通、优化与施工进度有关部门的单位、部门和工作队组之间的进度关系。

2. 施工进度控制的措施

施工进度控制采取的主要措施有组织措施、技术措施、合同措施、经济措施和信息管理措施等。

组织措施主要是指:落实各层次的进度控制人员,具体任务和工作责任;建立进度控制的组织系统;按着施工项目的结构、进展阶段或合同结构等进行项目分解,确定其进度目标,建立控制目标体系;确定进度控制工作制度,如:检查时间、方法、协调会议时间、参加人等;对影响进度的因素分析和预测。技术措施主要采取加快施工进度的技术方法。合同措施是指对分包单位签订的施工合同的合同工期与有关部门进度计划目标相协调。经济措施是指实现进度计划的资金保证措施。信息管理措施是指不断地收集实际施工进度的有关部门资料进行整理统计与计划进度比较,定期地向建设单位提供比较报告。

3. 施工进度控制的任务

施工进度控制的主要任务是编制施工总进度计划并控制其执行,按期完成整个施工项目的任务;编制单位工程施工进度计划并控制其执行,按期完成单位工程的施工任务;编制分部分项工程施工进度计划并控制其执行,按期完成分部分项工程的施工任务;编制季度、月、旬作业计划并控制其执行,完成规定的目标等。

3.7.1.4　影响施工进度的因素

由于工程项目的施工特点,尤其是较大和复杂的施工项目,工期较长,影响进度因素较多。编制计划、执行和控制施工进度计划时,必须充分认识和估计这些因素,才能克服这些影响,使施工进度尽可能按计划进行。当出现偏差时,应考虑有关部门影响因素,分析产生的原因。其主要影响因素有:

1. 有关单位的影响

施工项目的主要施工单位对施工进度起决定性作用,但是建设单位、设计单位、银行信贷单位、材料供应部门、运输部门、水、电供应部门及政府的有关部门主管部门等,都可能给施工的某些方面造成困难而影响施工进度。其中设计单位图纸不及时和有错误,以及有关部门对设计方案的变动是经常发生和影响最大的因素;材料和设备不能按期供应,或质量、规格不符合要求,都会使施工停顿;资金不能保证也会使施工中断或速度减慢等。

2. 施工条件的变化

施工中地质条件和水文地质条件与勘查设计的不符,如:地质断层、溶洞、地下障碍物、软弱地基,以及恶劣的气候、暴雨、高温和洪水等,都对施工进度产生影响,造成临时停工或破坏。

3. 技术失误

施工单位采用技术措施不当、施工中发生技术事故,应用新技术、新材料、新结构缺乏经验,不能保证质量等都会影响施工进度。

4. 施工组织管理不力

流水施工组织不合理、施工方案不当、计划不周、管理不善、劳动力和施工机械调配不当、施工平面布置不合理、解决问题不及时等,都会影响施工计划的执行。

5. 意外事件的出现

施工中如果出现意外的事件,如:战争、内乱、拒付债务、工人罢工等政治事件,地震、洪水等严重自然灾害,重大工程事故、试验失败、标准变化等技术事件,拖延工程款、通货膨胀、分包单位违约等紧急事件都会影响施工进度计划的实现。

3.7.2 施工进度控制的原理

施工进度控制受以下原理支配:

3.7.2.1 动态控制原理

施工进度控制是一个不断进行的动态控制,也是一个循环进行的过程。它是从项目施工开始,实际进度就出现了运动的轨迹,也就是计划进行执行的动态。实际进度按照计划进度进行时,两者相吻合;当实际进度与计划进度不一致时,便产生超前或落后的偏差。分析偏差的原因,采取相应的措施,调整原来的计划,使两者在新起点上重合,继续按原计划进行施工活动,并且充分发挥组织管理的作用,使实际工作按计划进行。但是在新的干扰因素作用下,又会产生新的偏差。施工进度计划的控制就是采用这种动态循环的控制方法。

3.7.2.2 系统原理

1. 施工项目计划系统

为了对施工项目实际进度计划进行控制,首先必须编制施工项目的各种进度计划,其中有施工项目总进度计划,单位工程进度计划,分部分项工程进度计划,季度和月、旬作业计划,这些计划组成一个施工项目计划系统。计划编制的对象由大到小,计划的内容从粗到细,编制时从总体计划到局部计划,逐层进行控制目标分解,以保证计划控制目标落实。执行计划时,从月、旬作业计划开始实施,逐级按目标控制,从而达到对施工项目整体进度目标控制。

2. 施工项目进度实施组织系统

施工项目实施的全过程,各专业队伍都是按照计划规定的目标去努力完成一个个任务。施工项目经理和有关部门劳动调配、材料设备、采购运输等职能部门都按照施工进度规定的要求进行严格管理,落实和完成各自的任务。施工组织各级负责人,从项目经理、施工队长、班组长及其所属全体成员组成了施工项目实施的完整组织系统。

3. 施工项目进度控制组织系统

为了保证施工项目进度实施,还有一个项目进度的检查控制系统。从公司经理、项目经理,一直到作业班组都设有专门职能部门或人员负责检查,统计、整理实际施工进度的资料,并与进度计划比较分析和进行调整。当然不同层次人员负有不同进度控制职责,分工协作,形成一个纵横连接的施工项目控制组织系统。事实上有的领导可能既是计划的实施者又是计划的控制者,实施是计划的落实,控制是保证计划按期实施。

3.7.2.3 信息反馈原理

信息反馈是施工项目进度控制的主要环节,施工的实际进度通过信息反馈给基层施工项目进度控制的工作人员,在分工的职责范围内,经过对其加工,再将信息逐级向上反馈,直到主控制室,主控制室整理统计各方面的信息,经比较分析做出决策,调整进度计划,使其符合预定工期目标。若不应用信息反馈原理,不断地进行信息反馈,则无法进行计划控制。施工项目进度控制的过程就是信息反馈的过程。

3.7.2.4 弹性原理

工程项目施工的工期长、影响进度的因素多,其已被人们掌握。根据统计资料和经验,可以估计出影响进度的程度和出现的可能性,并在确定进度目标时,进行实现目标的风险分析。在计划编制者具备了这些知识和经验之后,编制施工项目进度计划时就会留有余地,使施工进度计划具有弹性。在进行施工项目进度控制时,便可以利用这些弹性,缩短有关工作的时间,或者改变它们之间的搭接关系,使检查之前拖延的工期,通过缩短剩余计划工期的方法,达到预期的计划目标。这就是施工项目进度计划控制中对弹性原理的应用。

3.7.2.5 封闭循环原理

施工进度计划控制的全过程是计划、实施、检查、比较分析、确定调整措施、再计划。从编制施工进度计划开始,经过实施过程中的跟踪检查,收集有关部门实际进度的信息,比较和分析实际进度与施工计划进度之间的偏差,找出产生原因和解决办法,确定调整措施,再修整原进度计划,形成一个封闭的循环系统。

3.7.2.6 网络计划技术原理

在施工项目的控制中,利用网络计划技术原理编制进度计划,根据收集的实际进度信息,比较和分析进度计划,有利用网络计划的工期优化,工期与成本优化和资源优化的理论调整计划。网络计划技术原理是施工进度控制完整的计划管理和分析计算的理论基础。

3.8 施工进度计划的实施与检查

3.8.1 施工进度计划的实施

施工进度计划的实施就是施工活动的开展,就是用施工进度计划指导施工活动、落实和完成计划。施工进度计划逐步实施的过程就是施工项目建造逐步完成的过程。为了保证施工进度计划的实施、并且尽量按编制的计划时间逐步进行,保证各进度目标的实现,应做好如下工作:

3.8.1.1 施工进度计划的审核

项目经理应进行施工项目进度计划的审核,其主要内容包括:

1. 进度安排是否符合施工合同确定的建设项目总目标和分目标的要求,是否符合其开、竣工日期的规定;

2. 施工进度计划中的内容是否有遗漏,分期施工是否满足分批交工的需要和配套交工的要求;

3. 施工顺序安排是否符合施工程序的要求;

4. 资源供应计划是否能保证施工进度计划的实现,供应是否均衡,分包人供应的资源是否能满足进度的要求;

5. 施工图设计的进度是否满足施工进度计划要求;

6. 总分包之间的进度计划是否相协调,专业分工与计划的衔接是否明确、合理;

7. 对实施进度计划的风险是否分析清楚,是否有相应的对策;

8. 各项保证进度计划实现的措施设计是否周到、可行、有效。

3.8.1.2　施工项目进度计划的贯彻

1. 检查个层次的计划,形成严密的计划保证系统

施工项目的所有施工进度计划:施工总进度计划、单位工程施工进度计划、分部分项工程施工进度计划,都是围绕一个总任务编制的,它们之间关系是高层次计划为低层次计划提供依据,低层次计划是高层次计划的具体化。在其贯彻执行时,应当首先检查是否协调一致,计划目标是否层层分解、互相衔接,组成一个计划实施的保证体系,以施工任务书的方式下达施工队,保证施工进度计划的实施。

2. 层层明确责任并利用施工任务书

施工项目经理、作业队和作业班组之间分别签订责任状,按计划目标规定工期、质量标准、承担的责任、权限和利益。用施工任务书将作业任务下达到作业班组,明确具体施工任务、技术措施、质量要求等内容,使施工班组必须保证按作业计划时间完成规定的任务。

3. 进行计划的交底,促进计划的全面、彻底实施

施工进度计划的实施是全体工作人员的共同行动,要使有关部门人员都明确各项计划的目标、任务、实施方案和措施,使管理层和作业层协调一致,将计划变成全体员工的自觉行动,在计划实施前可以根据计划的范围进行计划交底工作,使计划得到全面、彻底的实施。

3.8.1.3 施工项目进度计划的实施

1. 编制月(旬)作业计划

为了实施施工计划,将规定的任务结合现场施工条件,如:施工场地的情况、劳动力、机械等资源条件和实际的施工进度,在施工开始前和过程中不断地编制本月(旬)作业计划,这是使施工计划更具体、更实际和更可行的重要环节。在月(旬)计划中要明确:本月(旬)应完成的任务;所需要的各种资源量;提高劳动生产率和节约措施等。

2. 签发施工任务书

编制好月(旬)作业计划以后,将每项具体任务通过签发施工任务书的方式下达班组进一步落实、实施。施工任务书是向班组下达任务,实行责任承包、全面管理和原始记录的综合性文件。施工班组必须保证指令任务的完成。它是计划和实施的纽带。

施工任务书应由工长编制并下达。在实施过程中要做好记录,任务完成后回收,作为原始记录和业务核算资料。

施工任务书应按班组编制和下达。它包括施工任务单、限额领料单和考勤表。施工任务单包括:分项工程施工任务、工程量、劳动量、开工日期、完工日期、工艺、质量、安全要求。限额领料单是根据施工任务书编制的控制班组领用材料的依据,应具体列明材料名称、规格、型号、单位、数量和领用记录、退料记录等。考勤表可附在施工任务书背面,按班组人名排列,供考勤时填写。

3. 做好施工进度记录,填好施工进度统计表

在计划任务完成的过程中,各级施工进度计划的执行者都要跟踪做好施工记录,即记载计划中的每项工作开始日期、每日完成数量和完成日期;记录施工现场发生的各种情况、干扰因素的排除情况;跟踪做好工程形象进度、工程量、总产值、耗用的人工、材料和机械台班等的数量统计与分析,为施工项目进度检查和控制分析提供反馈信息。因此,要求实事求是记载,并填好上报统计报表。

4. 做好施工中的调度工作

施工中的调度是组织施工中各阶段、环节、专业和工种的配

合、进度协调的指挥核心。调度工作是施工进度计划实施顺利进行的重要手段。其主要任务是掌握计划实施情况，协调各方面关系，采取措施，排除各种矛盾，加强各薄弱环节，实现动态平衡，保证完成作业计划和实现进度目标。

调度工作内容主要有：督促作业计划的实施，调整协调各方面的进度关系；监督检查施工准备工作；督促资源供应单位按计划供应劳动力、施工机具、运输车辆、材料构配件等，并对临时出现的问题采取调配措施；按施工平面图管理现场，结合实际情况进行必要的调整，保证文明施工；了解气候、水、电、气的情况，采取相应的防范和保证措施；及时发现和处理施工中各种事故和意外事件；调节各薄弱环节；定期及时召开现场调度会议，贯彻施工项目主管人员的决策，发布调度令。

3.8.1.4 施工进度计划的检查

在施工项目的实施过程中，为了进行进度控制，进度控制人员应经常地、定期地跟踪检查施工实际进度情况，主要是收集施工进度材料，进行统计整理和对比分析，确定实际进度与计划进度之间的关系，其主要工作包括：

1. 跟踪检查施工实际进度

为了对施工进度计划的完成情况进行统计、进行进度分析和调整计划提供信息，应对施工进度计划依据其实施记录进行跟踪检查。

跟踪检查施工实际进度是项目施工进度控制的关键措施。其目的是收集实际施工进度的有关数据。跟踪检查的时间和收集数据的质量，直接影响到控制工作的质量和效果。

一般检查的时间间隔与施工项目的类型、规模、施工条件和对进度执行要求程度有关。通常可以确定每月、半月、旬或周进行一次。若施工中遇到天气、资源供应等不利因素的严重影响，检查的时间间隔可临时缩短，次数应频繁，甚至可以每日进行检查，或派人员驻现场督阵。检查和收集资料的方式一般采用进度报表方式或定期召开进度工作汇报会。为了保证汇报资料的准确性，进度控制人员要经常到现场察看施工项目的实际进度情况,从而保证经常地、定期地准确掌握施工项目的实际进度。

根据不同需要,进行日检查或定期检查的内容包括:

(1) 检查期内实际完成和累计完成工程量;

(2) 实际参加施工的人力,机械数量和生产效率;

(3) 窝工人数、窝工机械台班数及其原因分析;

(4) 进度偏差情况;

(5) 进度管理情况;

(6) 影响进度的特殊原因及分析;

(7) 整理统计检查数据。

收集到的施工项目实际进度数据,要进行必要的整理,按计划控制的工作项目进行统计,形成与计划进度具有可比性的数据、相同的量纲和形象进度。一般按实物工程量、工作量和劳动消耗量以及累计百分比整理和统计实际检查的数据,以便与相应的计划完成量相对比。

2. 对比实际进度与计划进度

将收集的资料整理和统计成具有与计划进度可比性的数据后,用施工项目实际进度与计划进度进行比较。通常用的比较方法有:横道图比较法、S形曲线比较法、“香蕉”形曲线比较法、前锋线比较法和列表比较法等。通过比较得出实际进度与计划进度相一致、超前、拖后三种情况。

3. 施工进度检查结果的处理

施工进度检查的结果,按照检查报告制度的规定,形成进度控制报告向有关主管人员和部门汇报。

进度控制报告是把检查比较结果,有关施工进度现状和发展趋势,提供给项目经理及各级业务职能负责人的最简单的书面形式报告。

进度控制报告是根据报告对象的不同,确定不同的编制范围和内容而分别编制的。一般分为:项目概要级进度控制报告,是报给项目经理、企业经理或业务部门以及建设单位(业主)的,它是以整个施工项目为对象说明进度计划执行情况的报告；项目管理级的进度报告是报给项目经理及企业业务部门的，它是以单位工程或项目分区为对象说明进度计划执行情况的报告；业务管理级的进度报告是就某个重点部位或重点问题为对象编写的报告，供项目管理者及各业务部门为其采取应急措施而使用的。

进度报告由计划负责人或进度管理人员与其他项目管理人员协作编写。报告时间一般与进度检查时间相协调，也可按月、旬、周等间隔时间进行编写上报。

通过检查应向企业提供施工进度报告的内容主要包括：项目实施概况、管理概况、进度概要的总说明；项目施工进度、形象进度及简要说明；施工图纸提供进度；材料物资、构配件供应进度；劳务记录及预测；日历计划；对建设单位、监理和施工者的工程变更指令、价格调整、索赔及工程款收支情况；进度偏差的状况和导致偏差的原因分析；解决的措施；计划调整意见等。

3.8.2　施工进度计划的调整与总结

3.8.2.1　施工进度计划的检查比较方法及应用

施工进度计划比较分析与计划调整是施工项目进度控制的主要环节。其中施工项目进度计划比较是调整的基础。常用的比较方法有以下几种：

1. 横道图比较法

用横道图编制施工进度计划，指导施工的实施已是人们常用的、熟悉的方法。它形象简明和直观，编制方法简单，使用方便。

横道图比较法，是把在项目施工中检查实际进度收集的信息，经整理后直接用横道线并列标于原计划的横道线一起，进行直观比较的方法。例如某钢筋混凝土基础工程的施工实际进度与计划进度比较，如表3-18所示。其中黑粗实线表示计划进度，涂黑部分则标示施工的实际进度。从比较中可以看出，在第八天末进行施工进度检查时，挖土方工作已经完成；支模板的工作按计划进度应当完成，而实际施工进度只完成了83%的任务，已经拖后了17%；绑扎钢筋工作已完成了44%的任务，施工实际进度与计划进度一致。

某钢筋混凝土施工实际进度与计划进度比较表　　表 3-18

工作编号	工作名称	工作时间(d)	施工进度																
			1	2	3	4	5	6	7	8	9	10	11	12	13	14	15	16	17
1	挖土方	6																	
2	支模板	6																	
3	绑扎钢筋	9																	
4	浇混凝土	6																	
5	回填土	6																	

▲
检查日期

通过上述记录与比较,发现了实际施工进度与计划进度之间的偏差,为采取调整措施提供了明确的任务。这是人们施工中进行施工项目进度控制经常采用的一种最简单、熟悉的方法。但是它仅适用于施工中的各项工作都是按均匀的速度进行,即每项工作在单位时间里完成的任务量都是相等的。

完成任务量可以用实物工程量、劳动消耗量和工作量三种物理量表示。为了比较方便,一般用它们实际完成量的累计百分比与计划的应完成量的累计百分比进行比较。

由于施工项目施工中各项工作的速度不一定相同,以及进度控制要求和提供的信息不同,可以采用以下几种方法:

(1) 匀速施工横道图比较法

匀速施工是指项目施工中,每项工作的施工进展速度都是匀速的,即在单位时间内完成的任务量都是相等的,累计完成的任务量与时

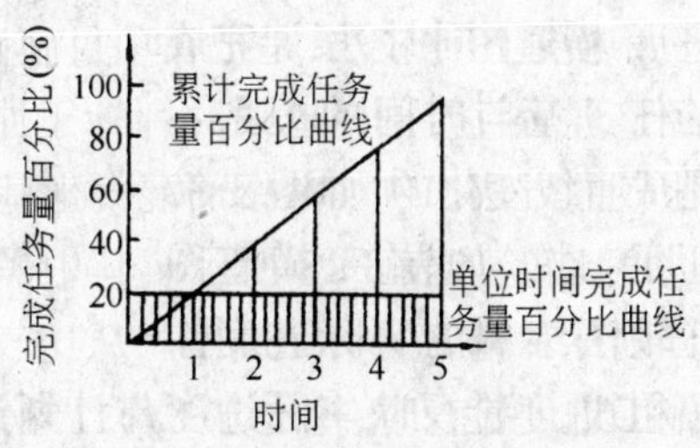

图 3-29　匀速进展工作时间与完成任务量关系曲线图

间成直线变化,如图 3-29 所示。

匀速施工横道图比较方法的步骤为:

1) 编制横道图进度计划;

2) 在进度计划上标出检查日期;

3) 将检查收集的实际进度数据,按比例用涂黑的粗线标于计划进度线地下方,如表 3-18 所示;

4) 比较分析实际进度与计划进度:

(*A*) 涂黑的粗线右端与检查日期相重合,表明实际进度与施工计划进度相一致;

(*B*) 涂黑的粗线右端在检查日期的左侧,表示实际进度拖后;

(*C*) 涂黑的粗线在检查日期的右侧,表示实际进度超前。

必须指出:该方法只适用与工作从开始到完成的整个过程中,其施工速度是不变的,累计完成的任务量与时间成正比,如图3-29 所示。若工作的速度是变化的,则这种方法不能进行工作的实际进度与计划进度之间的比较。

(2) 双比例单侧横道图比较法

匀速施工横道图比较法,只适用于施工进展速度不变的情况下,施工实际进度与计划进度之间的比较。当工作在不同的时间里的进展速度不同时,累计完成的任务量与时间的关系不是成直线变化的,如图 3-30 所示。按匀速施工横道图比较法绘制的实际进度涂黑粗线,不能反映实际进度与计划进度完成任务量的比较情况。这种情况进度的比较可采用双比例单侧横道图比较法。

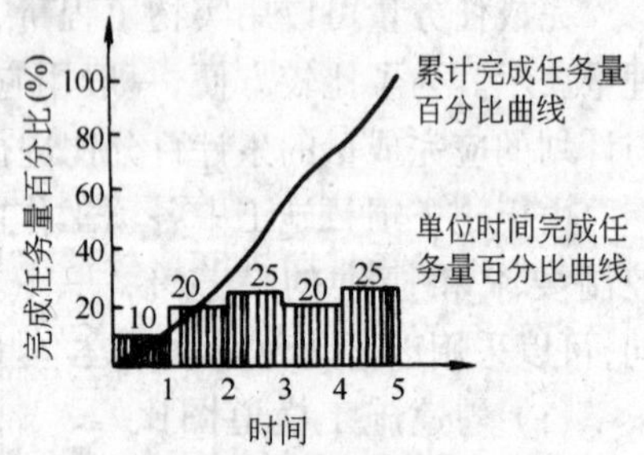

图 3-30　非匀速进展工作时间与完成任务量关系曲线

双比例单侧比较法是适用于工作进度按变速进展的情况下,

工作实际进度与计划进度进行比较的一种方法。它是在表示工作实际进度的涂粗黑线同时,在表上标出某对应时刻完成任务的累计百分比,将该百分比与其同时刻计划完成任务累计百分比相比较,判断工作的实际进度与计划进度之间的关系的一种方法。其比较方法的步骤为:

1) 编制横道图进度计划;

2) 在横道线上方标出各主要时间工作的计划完成任务累计百分比;

3) 在横道线的下方标出相应日期工作的实际完成任务的累计百分比;

4) 用涂黑粗线标出实际进度,并从开工日标起,同时反映出施工过程中工作的连续与间断情况;

5) 对照横道线上方计划完成累计百分比与同时间的下方实际累计完成百分比,比较出实际进度与计划进度的偏差:

(*A*) 当同一时刻上下两个累计百分比相等,表明实际进度与计划进度相一致;

(*B*) 当同一时刻上面的累计百分比大于下面的累计百分比,表明该时刻实际进度拖后,拖后的量为二者之差。

(*C*) 当同时刻上面的累计百分比小于下面的累计百分比,表明该时刻实际工程进度超前,超前的量为二者之差。

这种比较法,不仅适合于施工速度是变化情况下的进度比较,同时除找出检查日期进度比较情况外,还能提供某一指定时间二者比较情况的信息。当然,要求实施部门按规定的时间记录当时的完成情况。

值得指出:由于工作的施工速度是变化的,因此,横道图中进度横线,不管是计划的还是实际的,都是表示工作的开始时间、持续天数和完成时间,并不表示计划完成量和实际完成量,这两个量分别通过标注在横线上方和下方的累计百分比数量表示。实际进度的涂黑粗线是从实际工程的开工日期画起,若工作实际施工间断,亦可在图中将黑粗线作相应的空白。

【例】 某工程的钢筋绑扎工程按施工计划安排需要9d完成，每天计划完成任务量百分比、每天工作的实际进度和检查日累计完成任务的百分比，如图3-31所示。其比较方法为：

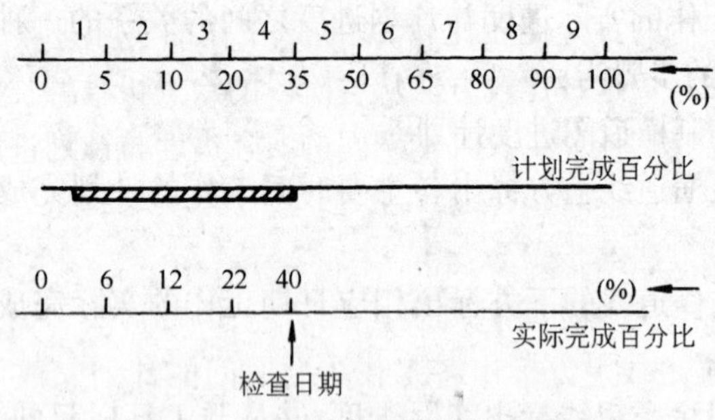

图3-31　双比例单侧横道图比较图

1）编制横道图进度计划，如图3-31中的黑横道线所示。

2）在横道线上方标出钢筋工程每天计划完成任务的累计百分比分别为5%、10%、20%、35%、50%、65%、80%、90%、100%。

3）在横道线的下方标查工作1d、2d、3d末和检查日期实际完成任务的百分比，分别为：6%、12%、22%、40%。

4）用涂黑粗线标出实际进度线。从图3-31中可以看出第一天末实际进度比计划进度超前1%，以后各天末分别为2%、2%和5%。

综上所述可以看出，横道图记录比较法具有以下优点：记录比较方法简单，形象直观，容易掌握，应用方便，被广泛地采用于简单的进度监测工作中。但是，由于它以横道图进度计划为基础，因此带有其不可克服的局限性，如：各工作之间的逻辑关系不明显，关键工作和关键线路无法确定，一旦某些工作进度产生偏差时，难以预测其对后续工作和整个工期的影响，以及确定调整方法。

(3) 双比例双侧横道图比较法

双比例双侧横道图比较法，也是适用于工作进度按变速进展的情况，工作实际进度与计划进度进行比较的一种方法。它是双比例单侧横道图比较法的改进和发展，它是将表示工作实际进度的涂黑粗线,按着检查的期间和完成的累计百分比交替地绘制在计划横道线的上下两面,其长度表示该时间内完成的任务量。工作的实际完成累计百分比标于横道线的下面的检查日期处,通过两个上下相对的百分比相比较,判断该工作的实际进度与计划进度之间的关系。这种比较方法从各阶段的涂黑粗线的长度看出各期间实际完成的任务量及其本期间的实际进度与计划进度之间的关系。

其比较方法的步骤为:

1) 编制横道图进度计划表;

2) 在横道线上方标出各工作主要时间的计划完成任务累计百分比;

3) 在横道线的下方标出工作相对应日期实际完成任务累计百分比;

4) 用涂黑粗线分别在横道线上方和下方交替地绘制出每次检查实际完成的百分比;

5) 比较实际进度与计划进度,通过标在横道线上下方两个累计百分比,比较各时刻的两种进度产生的偏差。

2. S形曲线比较法

S形曲线比较法与横道图比较法不同,它不是在编制的横道图进度计划上进行实际进度与计划进度比较。它是以横坐标表示进度时间,纵坐标表示累计完成任务量,而绘出一条按计划时间累计完成任务量的曲线,将施工项目的各检查时间完成的任务量与S形曲线进行实际进度与计划进度相比较的一种方法。

从整个工程项目的施工全过程而言,一般是开始和结尾阶段,单位时间投入的资源量较少,中间阶段单位时间投入的资源量较多,与其相关,单位时间完成的任务量也是同样变化的,如图 3-32(*a*)所示,而随时间进展累计完成的任务量,则应该呈 S 形变化,如图 3-32(*b*)所示。

(1) S形曲线的绘制步骤如下:

1) 确定工程进展速度曲线。在实际工程中计划进度曲线,很

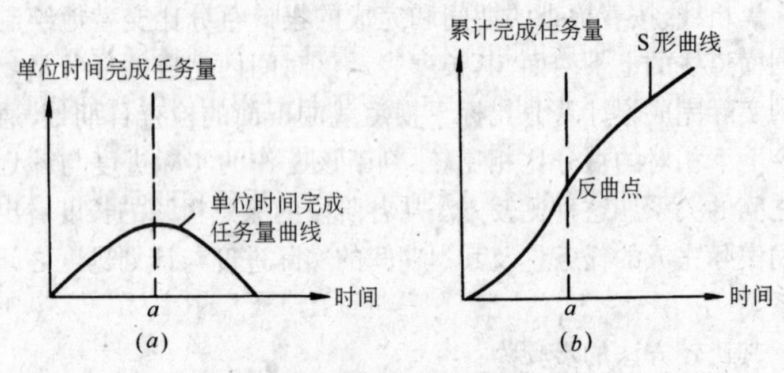

图 3-32　时间与完成任务量关系曲线

难找到如图 3-32(*a*)所示的定性分析的连续曲线,但可以根据每单位时间内完成的实物工程量或投入的劳动力与费用,计算出单位时间的量值 q_j,则 q_j 为离散型的,如图 3-33(*a*)所示。

2) 计算规定时间　计划累计完成的任务量,其计算方法等于各单位时间完成的任务量累加求和,可以按公式(3-34)计算:

$$Q_j = \sum_{j=1}^{j} q_j \tag{3-34}$$

式中　Q_j——某时间 j 计划累计完成的任务量;

q_j——单位时间 j 的计划完成的任务量;

j——某规定计划时刻。

3) 按规定时间的 Q_j 值绘制 S 形曲线如图 3-33(*b*)所示。

(2) S 形曲线比较

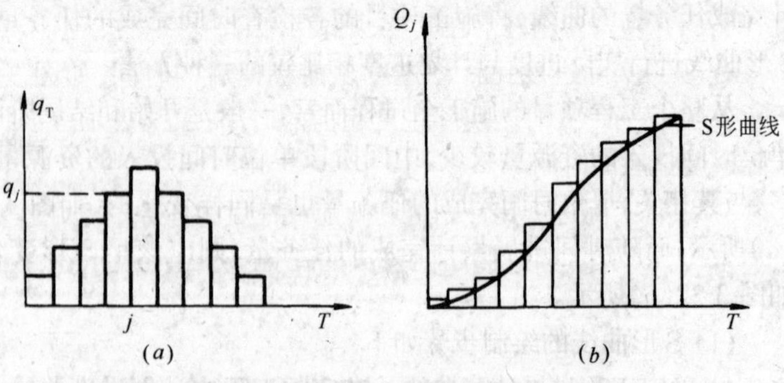

图 3-33　离散型时间与完成任务量关系曲线

S形曲线比较法同横道图一样,是在图上直观地进行施工项目实际进度与计划进度相比较。一般情况,计划进度控制人员在计划实施前绘制S形曲线。在施工项目过程中,按规定时间将检查的实际完成情况,绘制在与计划S形曲线同一张图上,可以得出实际进度S形曲线,如图3-34所示。比较两条S形曲线可以得到如下信息:

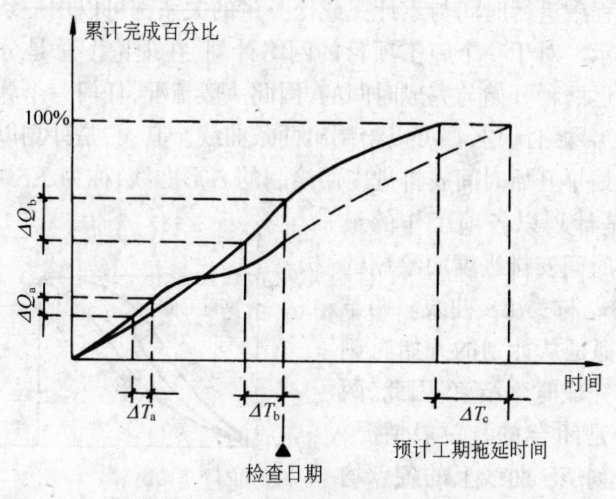

图3-34 S形曲线比较图

1) 项目实际进度与计划进度比较。当实际工程进展点落在S形曲线左侧,则表示此时实际进度比计划进度超前;若落在其右侧,则表示落后;若刚好落在其上,则表示二者一致。

2) 项目实际进度比计划进度超前或拖后的时间,如图3-34所示,ΔT_a 表示 T_a 时刻实际进度超前的时间;ΔT_b 表示 T_b 时刻实际进度拖后的时间。

3) 项目实际进度比计划进度超前或拖后的任务量,如图3-34所示,ΔQ_a 表示 T_a 时刻,超前完成的任务量;ΔQ_b 表示在 T_b 时刻,拖后的任务量。

4) 预测工程进度

如图 3-34 所示，后期工程按原计划速度进行，则工期拖延预测值为 ΔT_c。

3．“香蕉”形曲线比较法

(1)“香蕉”形曲线比较法的绘制

1)“香蕉”形曲线是两条 S 形曲线组合成的闭合曲线。从 S 形曲线比较法中可知，按某一时间开始的施工项目的计划，其计划实施过程中进行时间与累计完成任务量的关系都可以用一条 S 形曲线表示。对于一个施工项目的网络计划，在理论上总是分为最早和最迟两种开始与完成时间的，因此一般情况，任何一个施工项目的施工网络计划，都可以绘制出两条曲线。其一，是计划以各项工作的最早开始时间安排进度而绘制的 S 形曲线，称为 *ES* 曲线。其二，是计划以各项工作的最迟开始时间安排进度而绘制的 S 形曲线，称为 *LS* 曲线。两条 S 曲线都是从计划的开始时刻开始和完成时刻结束，因此，两条曲线是闭合的。一般情况，其余时刻 *ES* 曲线上的各点均落在 *LS* 曲线相应点的左侧，形成一个如“香蕉”的曲线，故称为“香蕉”形曲线，如图 3-35 所示。

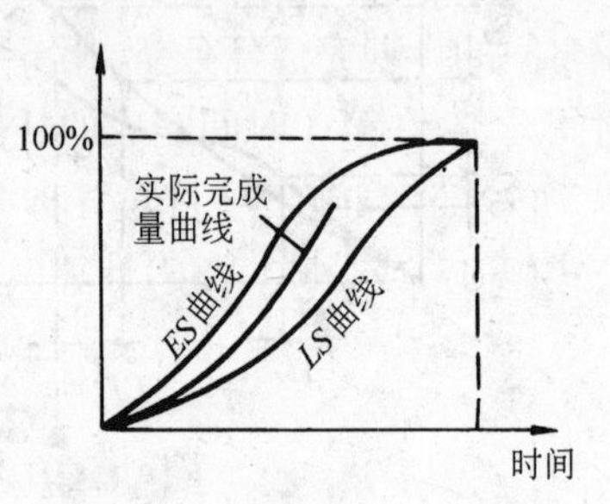

图 3-35　“香蕉”形曲线比较图

在项目的实施中，进度控制的理想状态是任意时刻按实际进度描绘的点，应落在该“香蕉”性曲线的区域内。如图 3-35 中的实际进度线。

2)“香蕉”形曲线比较法的作用：

(*A*) 利用“香蕉”形曲线进行进度的合理安排；

(*B*) 进行施工实际进度与计划进度比较；

(*C*) 确定在检查状态下，后期工程的 *ES* 曲线和 *LS* 曲线的发展趋势。

(2)“香蕉”形曲线的作图方法

“香蕉”曲线的作图方法与S形曲线的作图方法基本一致,所不同之处在于它是分别以工作的最早开始和最迟开始时间而绘制的两条S形曲线的结合。其具体步骤如下:

1) 以施工项目的网络计划为基础,确定该施工项目的工作数目 n 和计划检查此数 m,并计算时间参数 ES_i、LS_i($i=1,2,\cdots\cdots n$);

2) 确定各项工作在不同时间的计划完成量,分为两种情况:

(A) 以施工项目的最早时标网络图为准,确定各工作在各单位时间的计划完成量用 $q_{i,j}^{\mathrm{ES}}$ 表示,即第 i 项工作按最早时间开工,在第 j 时间完成的任务量($i=1$、$2\cdots\cdots n$;$j=1$、$2\cdots m$)。

(B) 以施工项目的最迟时标网络图为准,确定各工作在各单位时间的计划完成任务量,用 $q_{i,j}^{\mathrm{ES}}$ 表示,即第 i 项工作按最迟开始时间开工,在第 j 时间完成的任务量($i=1$、$2\cdots n$;$j=1$、$2\cdots m$)。

(C) 计算施工项目总任务量 Q。施工项目的总任务量可用公式(3-35)或公式(3-36)计算。

$$Q=\sum_{i=1}^{n}\sum_{j=1}^{m}q_{i,j}^{\mathrm{ES}} \tag{3-35}$$

$$1\leqslant i\leqslant n \qquad 1\leqslant j\leqslant m$$

或

$$Q=\sum_{i=1}^{n}\sum_{j=1}^{m}q_{i,j}^{\mathrm{LS}} \tag{3-36}$$

(D) 计算在 j 时刻完成的总任务量。分为两种情况:

(a) 按最早时标网络图计算完成的总任务量 Q_j^{ES} 为公式(3-37):

$$Q_j^{\mathrm{ES}}=\sum_{i=1}^{i}\sum_{j=1}^{j}q_{i,j}^{\mathrm{ES}} \quad 1\leqslant i\leqslant n \quad 1\leqslant j\leqslant m \tag{3-37}$$

(b) 按最迟时标网络图计算完成的总任务量 Q_j^{LS} 为公式(3-38):

$$Q_j^{\mathrm{LS}}=\sum_{i=1}^{i}\sum_{j=1}^{j}q_{i,j}^{\mathrm{LS}} \quad 1\leqslant i\leqslant n \quad 1\leqslant j\leqslant m \tag{3-38}$$

(E) 计算在 j 时刻完成项目总任务量百分比分为两种情况:

(a) 按最早时标网络图计算在 j 时刻完成总任务量百分比 μ_j^{ES} 为公式(3-39)：

$$\mu_j^{ES}=\frac{Q_j^{ES}}{Q}\times 100\% \tag{3-39}$$

(b) 按最迟时标网络图计算在 j 时刻完成的总任务量百分比 μ_j^{LS} 为公式(3-40)：

$$\mu_j^{LS}=\frac{Q_j^{LS}}{Q}\times 100\% \tag{3-40}$$

(F) 绘制“香蕉”形曲线按 μ_j^{ES}，($j=1,2\cdots m$)描绘各点，并连接各点得 ES 曲线；按 μ_j^{LS}、($j=1$、$2\cdots m$)描绘各点，并连接各点得 LS 曲线。由 ES 曲线和 LS 曲线组成“香蕉”形曲线。在项目实施过程中，按同样的方法，将每次检查的各项工作实际完成的任务量，代入相应的各公式、计算不同的时间实际完成任务量的百分比，并在“香蕉”形曲线的平面内绘出实际进度曲线，便可以进行实际进度与计划进度的比较。

(3) 举例说明“香蕉”形曲线的具体绘制步骤

【例】 已知某施工项目计划如图 3-36 所示，完成任务量以劳动消耗量表示。试绘制“香蕉”形曲线图。

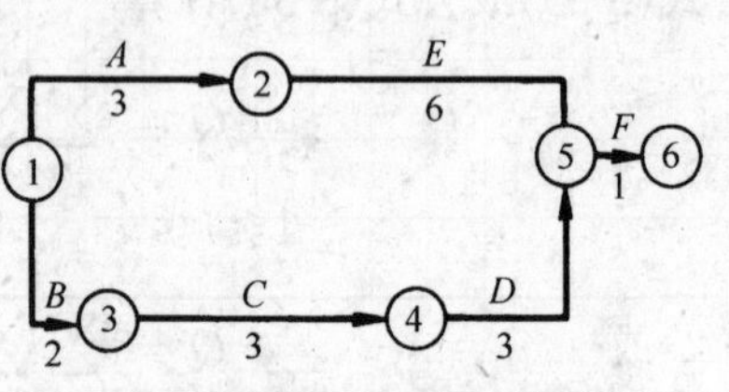

图 3-36　某施工项目网络计划图

【解】 (1) 依据网络图确定施工项目的工作数 $n=6$，计划检查次数 $m=10$。计算各工作的有关时间参数表，见表 3-19。

各工作的有关时间参数　　　　**表 3-19**

i	工作编号	工作名称	D_i(d)	ES_i	LS_i
1	1-2	A	3	0	0
2	1-3	B	2	0	1
3	3-4	C	3	2	3

续表

i	工作编号	工作名称	D_i(d)	ES_i	LS_i
4	4-5	D	3	5	6
5	2-5	E	6	3	3
6	5-6	F	1	9	9

(2) 确定各项工作在不同计划时间内的完成任务量(由计划安排确定)见表 3-20。

各项工作在不同计划时间内的完成任务量　　表 3-20

$q_{i,j}$ / j / i	$q_{i,j}^{ES}$(工日)										$q_{i,j}^{LS}$(工日)									
	1	2	3	4	5	6	7	8	9	10	1	2	3	4	5	6	7	8	9	10
1	3	3	3								3	3	3							
2	3	3										3	3							
3			3	3	3									3	3	3				
4						2	2	1									2	2	1	
5				3	3	3	3	3	3					3	3	3	3	3	3	
6										5										5

(3) 计算施工项目总任务

$$Q = \sum_{i=1}^{6} \sum_{j=1}^{10} q_{i,j}^{ES(LS)} = 52 \text{ 工日}$$

(4) 时刻完成的总任务量,见表 3-21。

j 时刻完成的总任务量　　表 3-21

j	1	2	3	4	5	6	7	8	9	10	d
Q_j^{ES}	6	6	6	6	6	5	5	4	3	5	工日
Q_j^{LS}	3	6	6	6	6	6	5	5	4	5	工日
μ_j^{ES}	11	22	33	44	55	65	75	84	90	100	(%)
μ_j^{LS}	6	17	28	39	50	61	71	81	90	100	(%)

（5）绘制“香蕉”曲线。按表 3-21 的 j、μ_j^{ES}；j、μ_j^{LS} 绘制 ES 和 LS 曲线，如图 3-37 所示。

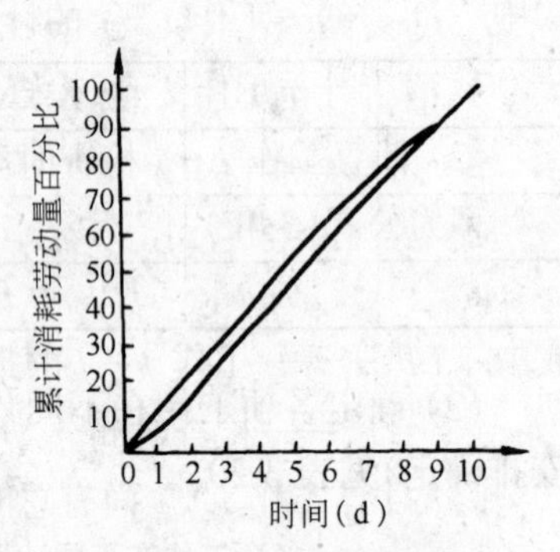

图 3-37　“香蕉”形曲线图

4. 前锋线比较法

施工项目的进度计划用时标网络图表达时，还可以采用实际进度前锋线法进行实际进度与计划进度比较。

前锋线比较法是从计划检查时间的坐标点出发，用点画线依此连接各项工作的实际进度点，最后到计划检查时间的坐标点为止，形成前锋线。按实际进度前锋线与工作箭线交叉点的位置判定实际进度与计划进度偏差的方法。如下例和图 3-38 所示。

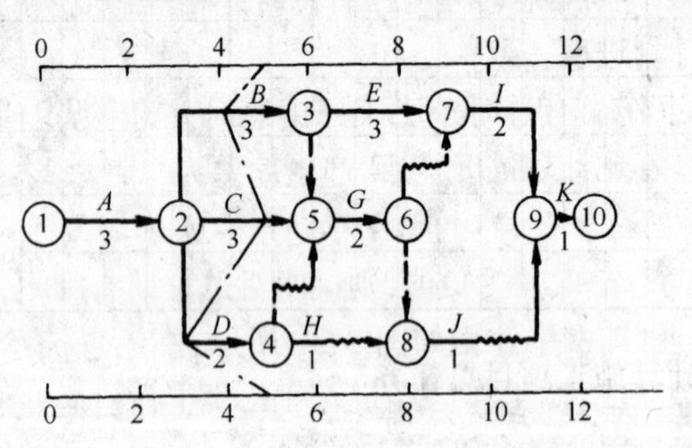

图 3-38　某施工项目进度前锋线图

5. 列表比较法

当采用时标网络计划时，也可以采用列表分析法。即记录检查时正在进行的工作名称和已进行的天数，然后列表计算有关参数，根据总时差，判断实际进度与计划进度的比较方法。

列表比较法步骤如下：

（1）计算检查时正在进行的工作 $i-j$，尚需作业时间 T_{i-j}^2，其计算为公式(3-41)：

$$T_{i-j}^2 = D_{i-j} - T_{i-j}^1 \tag{3-41}$$

式中 D_{i-j}——工作 $i-j$ 的计划持续时间；

T^1_{i-j}——工作 $i-j$ 检查时已经进行的时间。

(2) 计算工作 $i-j$ 检查时至最迟完成时间的尚余时间 T^3_{i-j}，其计算为公式(3-42)：

$$T^3_{i-j} = LF_{i-j} - T^2 \tag{3-42}$$

式中 LF_{i-j}——工作 $i-j$ 的最迟完成时间；

T^2——检查时间。

(3) 计算工作 $i-j$ 尚有总时差 TF^1_{i-j}，其计算为公式(3-43)：

$$TF^1_{i-j} = T^3_{i-j} - T^2_{i-j} \tag{3-43}$$

式中 T^3_{i-j}——到计划最迟完成时间尚余时间。

(4) 填表分析工作实际进度与计划进度的偏差，可能有以下几种情况：

1) 若工作尚有总时差与原有总时差相等，则说明该工作的实际进度与计划进度一致；

2) 若工作尚有总时差小于原由总时差，但为正值，则说明该工作实际进度比计划进度拖后，产生偏差为二者之差，但不影响总工期；

3) 若尚有总时差为负值，则说明对总工期有影响，应当调整。

【例】 已知网络计划如图 3-39 所示，在第五天检查时，发现 A 工作已经完成，B 工作已经进行 1d，C 工作已经进行 2d，D 工作尚未开始。用前锋线和列表比较法，记录和比较进度情况。

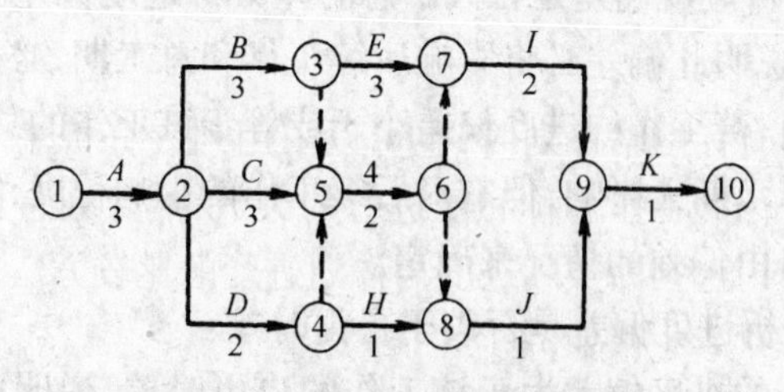

图 3-39 某施工项目网络计划图

【解】 (1) 根据第五天检查情况，绘制前锋线，如图 3-38 所示。

(2) 根据上述公式计算有关参数，如表 3-22 所示。

(3) 根据尚有总时差的计算结果，判断工作实际进度情况，参见表 3-22 所示。

网络计划检查结果分析表　　表 3-22

工作代号	工作名称	检查计划时尚需作业天数	到计划最迟完成时尚有天数	原有总时差	尚有总时差	情况判断
①	②	③	④	⑤	⑥	⑦
2-3	*B*	2	1	0	−1	影响工期 1d
2-5	*C*	1	2	1	1	正常
2-4	*D*	2	2	2	0	正常

3.8.2.2　施工项目进度计划的调整

1. 分析进度偏差的影响

通过前述的进度比较方法，当判断出现进度偏差时，应当分析偏差对后续工作和对总工期的影响。

(1) 分析产生偏差的工作是否为关键工作

若出现的工作为关键工作，则无论偏差大小，都对后续工作及总工期产生影响，必须采取相应的调整措施；若出现的工作不是关键工作，需要根据偏差值与总时差和自由时差的大小关系，确定对后续工作和总工期的影响程度。

(2) 分析进度偏差是否大于总时差分析进度偏差大于该工作的总时差，说明此偏差必将影响后续工作和总工期，必须采取相应的调整措施；若工作的进度偏差小于或等于该工作的总时差，说明此偏差对总工期无影响，但它对后续工作的影响程度，需要根据比较偏差与自由偏差的情况来确定。

(3) 分析进度偏差是否大于自由时差

若工作的进度偏差大于该工作的自由时差，说明此偏差对后续工作产生影响。如何调整，应根据后续工作允许影响的程度而定；若工作的进度偏差小于或等于该工作的自由时差，则说明此偏差对后续工作无影响,因此,原进度计划不作调整。

经过如此分析,进度控制人员可以确认应该调整产生进度偏差的工作和调整进度偏差值的大小,以便确定采取调整措施,获得新的符合实际进度情况和计划目标的新进度计划。

2. 施工项目进度计划的调整方法

在对实施的进度计划分析的基础上,应确定调整原计划的方法,一般主要有以下几种:

(1) 改变某些工作间的逻辑关系

若检查的实际施工进度的偏差影响了总工期,在工作之间的逻辑关系允许改变的条件下,可改变关键线路和超过计划工期的非关键线路上的有关工作之间的逻辑关系,达到缩短工期的目的。用这种方法调整的效果是很显著的,例如,可以把依此进行的有关部门工作改成平行的或互相搭接的,以及分成几个施工段进行流水施工的等,都可以达到缩短工期的目的。

(2) 缩短某些工作的持续时间

这种方法是不改变工作之间的逻辑关系,而是缩短某些工作持续时间,而使施工进度加快,并保证实现计划工期的方法。这些被压缩持续时间的工作是位于由于实际施工进度的拖延而引起总工期增长的关键线路和某些非关键线路上的工作。同时,这些工作又是可以压缩持续时间的工作,这种方法实际上就是网络计划优化中,工期优化方法和工期与成本优化的方法,不再赘述。

(3) 资源供应的调整

如果资源供应发生异常,应采用资源优化方法对计划进行调整,或采取应急措施,使其对工期影响最小。

(4) 增减施工内容

增减施工内容应做到不打乱原计划的逻辑关系,只对局部逻辑关系进行调整。在增减施工内容以后,应重新计算时间参数,分析对原网络计划的影响。当对工期有影响时,应采取措施,保证计划工期不变。

(5) 增减工程量

增减工程量主要是指改变施工方案、施工方法,从而导致工程量的增加或减少。

(6) 起止时间的改变

起止时间的改变应在相应工作时差范围内进行,每次调整必须重新计算时间参数,观察该项调整对整个施工计划的影响。调整时可在下列方法中进行:

1) 将工作在其最早开始时间与其最迟完成时间范围内移动;

2) 延长工作的持续时间;

3) 缩短工作的持续时间。

3. 施工进度控制的总结

项目经理部应在施工进度计划完成后,及时进行施工进度总结,为进度控制提供反馈信息。总结时应依据下列资料:

(1) 施工进度计划;

(2) 施工进度计划执行的实际记录;

(3) 施工进度计划检查结果;

(4) 施工进度计划的调整资料;

(5) 施工进度控制总结应包括:

1) 合同工期目标和计划工期目标完成情况;

2) 施工进度控制经验;

3) 施工进度控制中存在的问题;

4) 科学的施工进度计划方法的应用情况;

5) 施工进度控制的改进意见。

附录1 小流水段施工法

小流水段施工法是一种施工组织管理的方法。它是在传统流水施工法的基础上创造出的理想的施工流水方式:流水节拍=流水步距=1。该施工法达到了全面均衡施工,使人力、物力得以充分利用,体现出巨大的经济效益,为全面提高建筑业的管理水平创造了良好的条件。

小流水段施工法的特点如下:

1. 模板投入量少。对于墙柱等竖向结构,模板配置量只是常规每层需用量的1/5或更少;水平结构(包括梁与板)底板在高层建筑中以配一层用量为好,周转使用时可以原地原位置倒换到上层,当每层面积特别大时,可考虑只配一层的一部分即可;梁的侧模更应少配,最理想的是每天拆装。

2. 劳动效率高,用人少。由于每道工序都能每天连续均衡施工,绝大多数工种不会出现窝工,而且由于操作工人岗位固定,容易熟练掌握,工效提高很快,工时利用充分,与定额用工比工效可达160%~220%。

3. 工程质量好。这种施工组织方法要求一环扣一环的严格管理,工人每天干着同样的工作,操作熟练,容易保证质量,而且还可把检查工序安排在每天固定的时间内,不会疏漏。

4. 工期短。由于能充分发挥设备的作用,充分利用工作面,工人的劳动效率也高,最终就能达到工期最短的效果。

5. 促进管理工作标准化。施行小流水段施工法必需要做大量的准备工作,制定出严密周到又切实可行的计划。计划实施过程中又需结合实际情况随时修改,因此要求管理、统计等工作都相应跟上。

6. 经济效益好。经济效益除直接体现在节约了模板费、人工费等方面,也包括缩短工期带来的设备、管理费用的降低。

综上所述，小流水段施工法犹如现代化大工业生产线的做法，是把整个复杂的劳动过程分解成许多简单的工序。由于建筑产品不可能在生产线上流动，只能让各道工序在建筑产品上流动，因此，工序分得越小，操作越简单，工人越能熟练掌握，从而提高了工效，质量也容易保证，最终可达到全面提高经济效益的效果。

“小流水段施工法”1988 年 10 月通过北京市建委组织的技术鉴定。鉴定会认定该施工法达到了国内领先水平。此后该施工法在工程施工中大面积推广应用，取得了显著的社会经济效益。“八五”期间，该项目被建设部、北京市、中建总公司列为科技成果重点推广计划项目。

“小流水段施工法”1990 年获中建总公司科技进步二等奖；1993 年获北京市科技成果推广一等奖；“推广应用小流水段施工法”1995 年获建设部科技成果推广应用二等奖。

附录2 “工法”简介

1. 工法的概念和特征

(1) “工法”的概念:

“工法”一词来自日本,日本建筑大字典称工法是“建造建筑物(构筑物)的施工方法或建造方法”。日本的《国语大辞典》则称工法是“工艺方法和工程方法”。

(2) 工法的特征

从以上工法的定义出发,可以归纳出工法的以下特征:

1) 工法的针对性和实践性。工法的主要服务对象是工程建设。工法来自工程实践,并从中总结出确有经济效益和社会效益的施工规律,又要回到施工实践中去应用,为工程建设服务。

2) 工法既不是单纯的施工技术,也不是单项技术,而是技术和管理相结合、综合配套的施工技术。工法不仅有工艺特点(原理)、工艺程序等方面的内容,而且还要有配套的机具、质量标准、劳动组织、技术经济指标等方面的内容,综合地反映了技术和管理的结合,内容上类似于施工成套技术。

3) 工法是用系统工程原理和方法总结出来的施工经验,具有较强的系统性、科学性和实用性。系统有大有小,工法也有大小之分。如:针对建筑群或单位工程的,可能是大系统;针对单位工程和分部分项工程的,可能是子系统,但都必须是一个完整的整体。因此,概括地说工法就是用系统工程原理总结出来的综合配套的施工方法。

4) 工法的核心是工艺。采用什么样的机械设备,如何去组织施工,以及保证质量、安全措施等,都是为了保证工艺这个核心。

5) 工法是企业标准的重要组成部分,是施工经验的总结,是企业宝贵的无形资产,并为管理层服务。工法应具有新颖性、适用性,从而对保证工程质量、提高施工效率、降低工程成本有重大的作用。

2. 工法的内容

根据工法的定义,工法是以工程为对象,工艺为核心,包括先进技术与科学管理的综合配套技术。很显然,工法的内容也是综合配套的。但是,由于工法的对象有很大的差异,工法内容的综合配套程度和形式也必然有很大的区别。例如,工法的规模,大到建设项目、单项工程、单位工程,小到分部或分项工程,都可以编制工法。由于规模不同,先进技术和科学管理的内容就有显著的差异。一般来说,一个工序或工程部位可能是单纯技术问题,几乎涉及不到管理内容,但随着规模的扩大,管理内容的分量越来越大,甚至连技术问题也演化为系统工程。因此,施工工法的内容要视工法的具体情况而定。但是,施工工法内容也不是无规律可循的。根据工法的定义,工法的内容应该在贯彻国家以及有关部门颁布的规范、规程等技术标准的前提下,通过本企业的科学管理和工程实践经验,提出开发应用科技成果或新技术的经验总结。也就是说,工法应在满足设计要求、符合质量标准的基础上,既有新技术发展概貌,又有具体的工艺特点、施工程序、机具设备以及综合效益等要求。从大量工法实例看出,工法的主要内容一般应包括:前言、工法特点、工艺程序(流程)、操作要点、机具设备及材料、质量标准、劳动组织及安全、效益分析、工程实例等。对于一些小型工法或特殊工法,不一定每项内容都有,也可能还要增加某些内容,但这些内容是一般工法应该具有的共性内容。具体内容要求如下:

(1) 前言

说明工法的形成过程。包括:研究开发单位、鉴定时间、获奖情况及推广应用情况。

(2) 工法的特点

说明工法的工艺原理及理论依据,若纯属应用方法的工法,仅说明工艺或使用功能上的特点。有些工法还要规定最佳的技术经济条件,适用的工程部位或范围,以及要求满足的具体技术条件。

(3) 工艺程序(流程)

说明工法的程序与作业特点,不但要讲明基本工艺过程,还要讲清程序间的衔接及关键所在,也可以用程序图(表格、框图)来表示。对于因构造、材料或机具使用上的差异而引起的流程变化也应有所交代。

(4) 操作要点

有些专业操作技能要求较高的技艺,还应突出操作要点。

(5) 机具设备及材料

说明采用工法所必需的主要机械、设备、工具、仪器等,以及它们的规格、型号、性能、数量和合理配置,主要施工用料及工程辅助物料的需要量。

(6) 质量标准

说明工法应遵循的国家、行业和企业的技术法规、标准,并列出关键部位、关键工序的质量要求,达到质量的主要措施。

(7) 劳动组织及安全

说明工种构成、人员组织以及施工中应注意的安全事项等。

(8) 效益分析

效益分析是对工法消耗的物料、工时、造价及费用等进行的综合分析。既要分析经济效益,也要分析社会效益。

(9) 工程实例

介绍本工法曾经应用过的典型工程。

3. 工法的编写要点

编写工法应注意以下几点:

(1) 工法必须是经过工程应用,并证明是属于技术先进、效益显著、经济、适用的项目。对于未经工程应用的新技术成果,不能称为工法。

(2) 编写工法的选题要适当。每项工法都是一个系统。在初编工法时,宜选择小一点的分部或分项工程的工法,如:锚杆支护深基坑开挖工法、现浇混凝土楼板一次抹面工法等,并与新技术推广紧密结合起来。

(3) 编写工法不同于写工程施工总结。施工总结往往是先交代工程情况,然后讲施工方法与经验,再介绍施工体会,大多是工程的写实,而工法是对施工规律性的剖析与总结,要把工艺特点(原理)放在前面,而最后可引用一些典型实例加以说明。有人形象地比喻说,"工法是施工总结的倒写"。

(4) 编写工法的目的是为了在工程实践中得到应用,并为企业积累财富。因此,在编写时既要文字简练,又要让人明白、看得懂。

4. 工法的管理

(1) 工法的等级

工法分为三个等级:国家级,省(部)级和企业级。分别由建设部、地方或部门、企业三个层次进行管理。工法中的关键技术达到国内领先水平或国际先进水平的,适用性强,有显著经济效益或社会效益的为国家级工法,由建设部会同有关部门和地区组织专家进行审定、确认;其关键技术达到地区、部门先进水平的,适用性较强,有较好的经济效益或社会效益的为省(部)级工法,由地区、部门建设主管部门组织专家进行审定和确认;其关键技术达到本企业先进水平,有推广应用价值的为企业级工法,由企业自行组织审定。

(2) 工法的产生程序

采用自下而上的程序进行工法的申报、评审、确认和管理。企业的工法是整个工法的基础。一、二级工法需要从三级工法中提炼。

(3) 工法的制度化

工法是指导企业施工与管理的一种规范化文件,是企业技术标准的重要组成部分。今后,施工企业的技术标准主要由两部分组成:工法是企业高层次的技术标准,为项目经理或工程技术人员指导施工与管理使用;工艺标准、操作规程、工艺卡或作业指导书等主要由工程技术人员向工人班组或分包单位作技术交底时使用。

(4) 工法的考核

建设部提出，各地区、各部门、各建设主管部门要对企业实行工法情况进行经常性的具体指导与检查考核，并将考核的结果作为技术进步的内容之一，逐步做到与企业资质、企业升级、招标投标等管理办法挂钩，推动企业技术进步。

(5) 工法与奖励

建设主管部门对研究、开发和推广应用工法有显著贡献的企业和个人给予表扬或奖励，同时记入个人档案，作为考核、晋升、职称评定等的依据。

4 施工现场管理

4.1 施工现场管理的概念和意义

4.1.1 施工现场管理的概念

4.1.1.1 施工现场的概念

施工现场是指从事工程项目建设施工活动经批准占用的施工场地。它既包括红线以内占用的建筑用地和施工用地,又包括红线以外现场附近经批准占用的临时施工用地。

4.1.1.2 施工现场管理的概念

施工现场管理是指对施工现场内的施工活动及空间所进行的管理活动。即对施工场地和空间进行科学安排、合理使用、临设维护、作业协调、清理整顿等,并与各种环境保持协调统一的关系,使一切在该施工场地从事施工活动的单位和个人严格遵守建设部颁发的《建设工程施工现场管理规定》所做管理工作的总称。

4.1.2 施工现场管理的意义

4.1.2.1 施工现场管理是施工活动正常有序进行的基本保证。

在建筑施工中,施工现场是大量的劳动力、材料、设备、机具、资金、信息汇集地。这些生产要素能否按计划、有序的畅通流动,涉及项目施工生产活动能否正常进行,而施工现场管理正是人流、物流、财流、信息流畅通的基本保证。

4.1.2.2 施工现场管理是施工活动各专业管理的连接纽带。

在建筑施工中,施工现场涉及多项专业管理工作。它们之间相互影响,相互制约,相互联系。因此,对各专业管理工作既要按合理分工独立分头进行,又要密切协作共同管理。能否提高各专业管理的技术经济效果,取决于施工现场管理的好坏。

4.1.2.3 施工现场管理是施工企业体现实力获取社会信誉的展示窗口。

在建筑施工中,施工现场管理是一项科学的、综合的系统管理工作。施工企业的施工管理能力、精神面貌、企业文化等都通过施工现场来展现,来向社会反映。企业创建的一个个文明的施工现场,会产生重要的社会效益,会赢得良好的社会信誉,会获得更大的生存和发展的市场空间。

4.1.2.4 施工现场管理是施工活动各主体贯彻执行有关法规的集中体现。

在建筑施工中,从事施工活动各主体对施工现场的管理不仅仅是一个单纯的工程管理问题,也是一个严肃的社会管理问题。它涉及许多城市管理和社会管理法规,诸如:城市规划、地产开发、市政管理、节能节水、环保环卫、市容绿化、消防保卫、交通运输、文物保护、劳动保障、居民安全、人防建设、精神文明等。这就要求施工现场管理成为集中贯彻执行有关法规的管理,体现执法、守法、护法。

4.1.2.5 施工现场管理是建设体制改革和施工企业实施创新的重要阵地。

在建筑施工中,国家的建设体制经历着历史性的重大改革和发展,经历着从计划经济向市场经济过渡的机制转换,经历着加入WTO与国际接轨的进程,这一切都要通过深化改革来求得发展。对于施工企业,在被推进市场经济后,更要实施观念创新、管理创新、技术创新、制度创新等创新工程的改革。而每项改革的试行、推广、成果的取得,必然都通过施工现场进行,反映检验和提供重要保证。

4.2　施工现场管理的原则和方法

4.2.1　施工现场管理的原则

4.2.1.1　基础性管理原则

施工现场管理属基础性管理，是企业组织施工管理的前线。企业按合同为施工项目设定的各项目标都要通过加强现场管理才能实现，而做好各项基础工作，才是抓住了加强施工现场管理的根本。基础性工作包括：标准化工作、定额工作、计量工作、原始记录、巡视检查、统计核算、会计工作等日常性工作。

4.2.1.2　综合性管理原则

施工现场管理是综合性的管理，既有目标性管理，又有生产要素的组织性管理；既有技术性管理，又有经济性管理；既有企业行政性管理，又有政府法制性管理，所以施工现场管理必须进行综合性管理。综合性管理就是用系统的观点、目标的管理方法，认真执行各方面规定的工艺标准和管理标准，全方位、全过程、全面地进行管理，搞好施工现场管理的整体优化。

4.2.1.3　动态性管理原则

在建筑施工中，施工现场的人力资源、施工材料、机械设备、施工技术、环境条件、资金六大生产要素始终处在一个动态变化过程之中，因此，必须进行控制和动态管理，不断依据变化的情况，进行调整，重新优化要素组合来适应变化。这就要求及时掌握动态变化，加强协调，解决矛盾，排除风险和干扰，切忌用一成不变、静止的观点来进行现场管理。

4.2.1.4　群众性管理原则

在建筑施工中，由于工程施工过程是一个多专业综合，多工种交叉，时间空间综合利用的过程，各种目标、指标都要在施工现场实现，故必须依靠全员参加的群众性管理。对每一位管理人员和作业人员要建立岗位责任，各自做好本岗工作，自觉进行自我管理的主动控制。同时要做好专管和群管相结合。

4.2.1.5 服务性原则

在建筑施工中,施工现场管理是施工企业施工生产组织与管理的中心工作,因此,企业管理层的各部门、各业务人员,都要按系统化的管理原则,为施工现场管理做好控制与服务;要大力支持项目经理部的各项管理工作,认真落实条件,扎实做好服务,为施工生产创造良好的条件。总承包单位项目经理部的各级管理人员更要深入现场,服务基层,为各分包单位解决困难,共同在现场取得效益和信誉。

4.2.2 施工现场管理的方法

4.2.2.1 标准化管理方法

标准化管理方法,即对施工现场按标准和制度进行管理,使管理程序标准化、管理方法标准化、管理效果标准化、考核方法标准化等。这种管理方法的核心内容是对施工现场的各项具体管理工作制定针对性的管理程序标准和制度,并贯彻执行。使施工现场从事施工活动的各主体责任单位和全员都必须遵守规章制度,执行程序标准,严格效果考核,做到有章可循,有法可依,一切管理工作按标准实施。

4.2.2.2 动态检查考核方法

动态检查考核方法,即在施工现场的整个生命周期内,对施工活动的动态变化,不间断地进行跟踪检查,按实际情况与计划或标准做对比分析,寻找差距,制定纠正措施,进一步改进管理工作的方法。这种管理方法的核心内容是对施工现场管理要求实现的计划和达到的标准,阶段性或周期性的进行检查和考核,根据实际情况进行评价,表扬先进,推动、促进现场管理水平的不断提高。如:北京市建委多年来开展的《创建文明安全工地达标检查验收办法》就取得了明显成效。

4.2.2.3 综合性管理方法

综合性管理方法,即在施工现场管理方法中,采用兼容定性方法和定量方法,兼容行政管理方法、经济管理方法、技术管理方法、法律管理方法等综合在一起进行施工现场管理的方法。这种管理方法的核心内容是要针对具体管理任务和所处环境条件,综合选择适用、可行的方法和手段,并使之产生管理实效,并不断总结提高管理水平。其实质是经验方法和科学管理方法的结合。

4.3　施工现场管理工作实务

搞好施工现场管理是建设法律、法规对承包人提出的要求。因此,工程承包企业和承担施工的项目经理部必须遵守其相关的规定。主要文件有:《建设工程施工现场管理规定》、《文物保护法》、《环境保护法》、《环境噪声污染防治法》、《消防法》、《消防条例》、《环境体系标准》(GB/T 24000—ISO 14000)等。另外,现场管理还应遵守各地方机关的法规和建设部有关的规范性文件。

搞好施工现场管理是总承包人和分承包人的共同责任。总承包人的项目经理部对施工现场管理负总责,分承包人应无条件服从并在其指导、协调、监管下,分别负责其用地区域的现场管理。

搞好施工现场管理。总承包企业和施工项目经理部应经常采用不同方式和渠道,听取政府管理部门和社会公众对现场管理的意见,及时抓好检查整改,维护企业的社会形象。

施工工程符合地方建设主管部门的基本条件时,应积极主动地参加“施工现场管理达标验收”,“创建文明安全工地”的竞争活动,接受当地政府的监督、检查与考核。

4.3.1　施工现场CI管理与企业形象

4.3.1.1　施工现场CI管理的内涵

施工现场是反映施工企业管理的窗口,通过这个窗口可以展现出一个施工企业的综合管理能力、企业文化素质和企业文明素质。以往一提到建筑工地现场,留给人们一个共同印象就是“晴天满地灰,下雨遍地泥”的脏、乱、差形象。当前虽然有了很大的改观,但彻底改变建筑业现场管理落后的生产状况仍存在一定的差距,只有使施工现场综合管理水平达到科学化、规范化、标准化,才能真正提高工程管理水平,创造文明、优美的施工环境,树立良好的企业形象。中建总公司较早地在全系统将《企业形象视觉识别规范》(简称CI)纳入企业文化建设中,并在全系统承包工程的施工现场执行《企业形象视觉识别规范施工现场分册》的标准和要求,制定了总公司系统的《施工现场CI达标实施细则》和《施工现场CI评分标准》,广泛开展竞争活动,适时总结了施工现场管理"CI形象、文明施工、安全生产、立体标化"的十六字经验,使科学管理和企业形象有机地结合在一起为《企业形象视觉识别规范》注入了崭新的内涵。

4.3.1.2 施工现场CI管理组织机构

施工现场在工程项目经理部组建的同时,要严格按照本企业CI系统管理的要求和对施工项目所编制的管理规划的规定,建立相应的CI管理组织机构。项目经理部要指定一名主要领导负责CI管理工作,在落实项目各部门机构的同时,要成立经理部的CI管理领导小组,该小组应由技术、工程、安全、机械、消防、生活等部门的有关人员参加,办公室一般设在项目经理部办公室,负责日常的CI管理工作,将CI管理融入施工现场各项专业管理工作之中落实。

4.3.1.3 施工现场CI管理统一标志

施工现场CI管理统一标志常用组合规范有以下内容:

1. 标志、标志释意及标志最小使用范围;
2. 标志制作规范;
3. 标志不可侵犯范围;
4. 标志图形、标志烫金使用规范及标准色、辅助色;
5. 辅助图形及运用规范;
6. 施工现场常用组合规范;
7. 工地大门;
8. 围墙;
9. 标牌;
10. 现场办公室;
11. 现场会议室或接待室;

12. 现场门卫室;

13. 现场宿舍、食堂;

14. 现场卫生间;

15. 机械设备;

16. 人员着装形象;

17. 楼面形象;

18. 旗帜。

上述内容的具体规范标准以中建某企业集团《企业形象视觉识别规范手册施工现场分册》为依据。

4.3.1.4 施工现场 CI 形象的实施与管理

以中建总公司系统××集团×公司北京××大厦 CI 管理介绍如下:

×××电脑大厦项目 CI 形象实施与管理

1. 责任单位:某项目经理部

2. 责任部门:公司工程管理部

3. 责任人:

4. 实施方案

(1) 大门与围墙

1) 大门要求

本工程施工现场共有大门四处,均为标准门 6m 宽,其中 3 号、4 号大门作为材料进场入口,不作为施工主要通道,平时不开放。

(*A*) 材质:不锈钢钢板;

(*B*) 规格:大门形式为对开门,总宽 6m,高 2m,每扇门规格 3m×2m(宽×高);

(*C*) 色彩:白色;

(*D*) 布局:每扇门正腰涂以标准蓝,高度为 1m,上面用反白标准字体书写“中国建筑”字样;

(*E*) 门柱:门柱尺寸为 0.8m×0.8m,高度为 2.2m,其中 0.2m 为柱帽,柱帽为梯形,顶面尺寸为 0.6m×0.6m,门柱通体为蓝色,两柱帽上方加圆形灯。

2) 围墙要求

(*A*) 材质:本工程围墙全部采用彩色压型钢板;

(*B*) 规格:高度为2m,颜色为白色,上端0.2m高,下端0.3m高,刷成标准蓝色,围墙上喷总公司标志和"中建一局×公司承建××××工程"(空1m写承建二字,再空1m写工程名称)、"中建一局×公司"及中建广告标语"构筑大地风景,奉献人间真情"字样,并适当插入辅助图形;

(*C*) 围墙字体:标志和字体为标准蓝色,标志尺寸为0.7m×0.7m,位置居于白色墙体正中,即距上下蓝色均为0.4m。

(*D*) 围墙标准组合:围墙以大门为中心,向两侧展开,左右侧组合,详细执行方案按现场四处大门具体情况以《中建总公司企业形象视觉识别规范手册施工现场分册》规定的最新标准为依据;

(*E*) 围墙内侧:颜色同外侧一样,内容可参照围墙组合形式。

(2) 标牌

1) 门口施工标牌

大门门口立一块施工标牌,尺寸及内容如下。颜色为边框为标准蓝色,白底黑字,字体为仿宋体,材质选用不锈钢钢板,形式如图4-1所示。

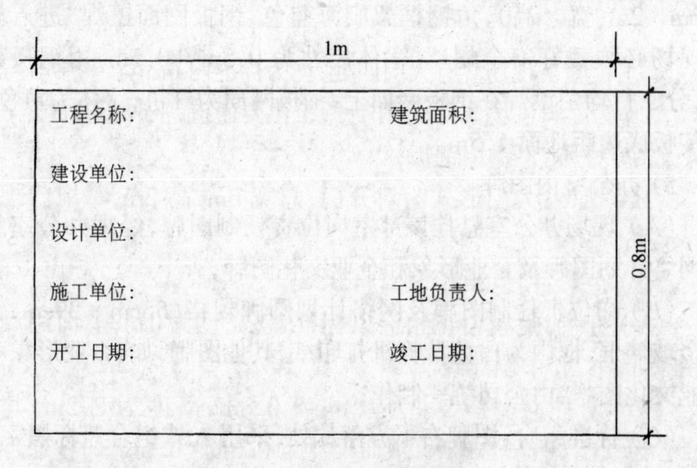

图4-1 门口施工标牌

2）施工图牌

（*A*）施工图牌包括施工平面布置图、安全生产管理制度牌、消防保卫管理制度牌、文明施工制度牌、场容环卫卫生制度牌、环境保护制度牌、工程简介牌、管理人员组织图；

（*B*）设置位置见施工平面图，要求必须在大门内一侧顺序埋设。规格尺寸为1.8m×1.2m，材质选用不锈钢钢板，颜色为白色；

（*C*）图牌标准组合为单体组合，左侧单设标志牌，底色为白色，标志和字体为蓝色，辅助图形为灰色，绘制B式组合方案。施工图牌题目为红色，下方打一蓝横线，字体颜色为蓝色。

3）项目经理部名牌

（*A*）材质：不锈钢钢板；

（*B*）颜色：白色；

（*C*）标准组合：选用A式，蓝标、蓝字，企业名称下方划一横线，横线下方书写项目经理部名称，字为黑色；

（*D*）名牌悬挂于现场办公室入口处显要位置墙面上。

4）安全宣传牌

（*A*）以影壁形式设置安全宣传牌；

（*B*）安全宣传牌采用70cm×7cm角钢和钢板网焊制，尺寸为3.2m×2m（宽×高），角钢框架刷海蓝色，钢板网面镶焊“进入施工现场必须戴好安全帽！”，字体尺寸为0.5m×0.5m，用钢板刻制，分三行均匀镶焊在钢板网面上，钢板网面为红色，字体为黄色，宣传板底边距地面1.5m。

5）办公室内图牌

（*A*）现场办公室悬挂该部室岗位责任制图牌，经理办公室悬挂网络计划图牌及企业形象和企业文化图牌；

（*B*）岗位责任制图牌及网络计划图牌规格，55cm×39cm，铝合金玻璃框，框内为白色计算机打印纸，其他图牌，如：企业形象和企业文化图牌，由公司统一制作；

（*C*）标准组合：图牌右下方落款处，采用A式组合蓝标黑字。

6）办公室门牌

(A) 材质:有机玻璃板;

(B) 尺寸:28cm×9cm(长×宽),标志尺寸4.5cm×4.5cm,字体等同于标志;

(C) 颜色:白板蓝标黑字;

(D) 悬挂于门侧上方。

注:现场非中建单位办公室门牌,如:监理单位、分包单位等门牌,均不得出现中建标志。

7) 施工导向牌

(A) 材质:不锈钢钢板,两边不锈钢钢管支撑;

(B) 尺寸:牌面为0.55m×0.7m,标志尺寸为0.2m×0.2m

(C) 标准组合:B式组合规范

(D) 颜色:钢管为银灰色,牌面为白色,标志为蓝色,字为黑色,箭头为红色。

8) 其他制度标牌

一律刷5cm宽的海蓝色边框和白色板底。

9) 仓库、宿舍、食堂、厕所、操作间标牌

形式等同于办公室门牌(但不得出现中建标志),按统一尺寸制作。

10) 胸卡

现场分管理人员和施工人员制作两种胸卡。

(A) 材质:210克铜版纸,印刷过塑;

(B) 规格:0.055m×0.09m;

(C) 标准组合:蓝标,黑字。

11) 安全帽

(A) 一般工人:黄色、塑料、日式;

(B) 项目一般管理人员:白色、塑料、日式;

(C) 项目经理班子:红色、玻璃钢、日式;

(D) 项目经理以上管理人员:红色、玻璃钢、德式;

(E) 安全帽必须到指定的厂家购买。

12) 袖标

现场安全管理人员必须佩带袖标，袖标为布质、黄底、蓝字；规格如图 4-2 所示。

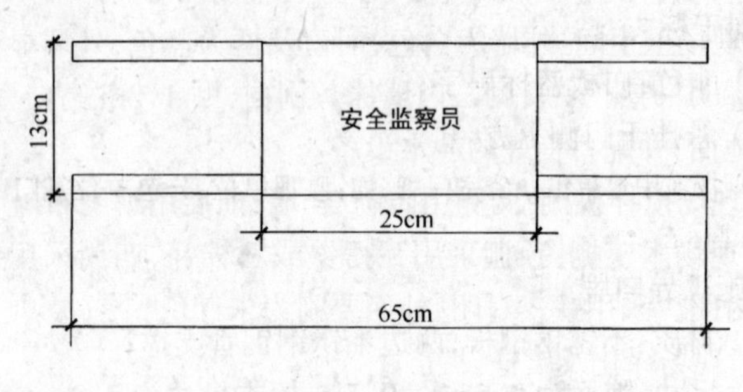

图 4-2　袖标

(3) 现场办公及生活和生产用临时建筑物

1) 现场办公室：采用集装箱式活动房，外墙涂白，房檐和踢脚线为蓝色；门窗为铝合金，室内门为灰白色，护栏为钢管焊接，蓝色；室内白色乳胶漆墙面、顶棚，米黄色塑料地板，蓝色窗帘，双排日光灯；办公桌、办公柜为灰色。项目经理、书记办公室摆放中华人民共和国国旗和总公司桌旗。

2) 会议兼接待室：外墙白色，门窗为铝合金；室内白色乳胶漆墙面、顶棚，米黄色塑料地板，蓝色窗帘，双排日光灯。会议室内桌上覆盖蓝色台布，主墙设公司质量方针及质量目标（横式排列），"质量方针"为红色，内容字体为蓝色，尺寸为 1200mm×900mm，右下方落为 A 式组合方案，蓝标、黑字。两侧墙体悬挂工程模型照片和公司代表性工程照。

3) 门卫室：设在现场大门左侧，内外墙为白色，蓝檐、蓝脚，门窗为铝合金，门上悬挂门卫室门牌，形式参见办公室门牌。室内悬挂门卫制度牌，形式等同于办公室内图牌。

4) 现场宿舍：内外墙面均白色，蓝檐、蓝脚，门窗为海蓝色，混凝土地面。床铺一律采用钢管焊成的上下铺，铺架刷海蓝色，并制作明显的床头牌。现场宿舍附近设导向牌标明"宿舍区"。

5) 现场食堂：高度不低于 2.8m，内外墙面及门窗均刷为白色;操作间镶贴1.5m高白瓷砖墙裙,灶台镶贴白瓷砖;地面为水泥地。室内责任制度牌形式等同于办公室内图牌。

6) 现场卫生间:外墙为白色,门窗及框为蓝色,外墙显著地方用红色标明“男厕”、“女厕”;内墙抹灰刷白,贴1.2m高白瓷砖,水泥缸砖地面,并配备良好的冲水设备。

7) 现场搅拌机棚:两侧用砖砌24墙,前后用编织布封闭。

8) 现场木工棚:顶棚采用瓦楞铁或石棉瓦,四周采用红机砖或铁皮封闭。采用铁皮封闭,外面要刷为朱红色。

(4) 现场绿化及旗杆设置

现场办公区及生活区分别设置绿化带、花坛,设置位置大小,视现场具体情况确定。

另外,在现场办公楼前设置标准旗杆,分别悬挂三面旗帜:中间为中华人民共和国国旗,左侧为×××××公司司旗,右侧为中建总公司司旗。

(5) 机械设备

1) 配电箱:色彩为黄色;左边门居中为B式组合,标志尺寸为8cm×8cm,蓝标、黑字;左边门为有电警示标志。

2) 工具箱:左门居中为B式组合规范;右门空白。

3) 塔吊:配重臂上安装A式组合标牌一个,白底、蓝标、蓝字;尺寸规格视塔吊情况而定。其他车辆在门上喷绘标志B式组合。

4) 其他设备:施工现场其他大小设备一律喷涂中建标志及“中国建筑”字样,并采用B式组合规范。

(6) 人员着装形象

1) 安全帽:现场施工人员、一般管理人员、项目经理班子人员按规定佩带安全帽。安全帽一律在正中喷绘B式组合规范。标志尺寸为3cm×3cm。

2) 胸卡:现场施工人员及施工管理人员均应佩带胸卡。

3) 服装:现场施工管理人员统一着装,服装待定。

(7) 楼面形象

1) 广告布

楼面主体起至2/3高度前，在楼面悬挂公司统一制定的广告布。

(*A*) 广告布应以B1式组合规范为主，广告布尺寸不应小于$80m^2$。

(*B*) 广告布颜色为蓝色，标志和字体为反白，也可白底蓝字。

(*C*) 现场广告布布置：北立面悬挂上下组合规范B1形式广告布，西立面悬挂横式组合规范A1形式广告布。

2) 标语

(*A*) 施工现场悬挂统一标语，蓝底、白字。

(*B*) 标语悬挂起始时间不晚于广告布悬挂的起始时间。

5. 管理措施

(1) 因本工程质量目标为工程结构长城杯、北京市市优工程、争创鲁班奖，因此，本工程自开工之日起即建立CI达标档案，及时按CI达标实施细则规定将CI情况拍照和录像，交由总公司CI小组审查，并在施工工程最能体现CI全貌的时候，请公司前来检查评比，争取CI形象一次检查达标。

(2) 现场设定专人进行CI设施的维护保养，发现磨损、毁坏及时清理修补、喷漆。

(3) 对现场施工人员进行CI形象教育，掀起人人为企业形象争光，人人自觉遵守CI规范手册的热潮。

(4) 若有人员调离、更换设备及现场有较大变动等情况，有关CI项目应及时进行调整。

6. CI达标项目一览表，如表4-1所示。

CI达标项目一览表　　**表4-1**

序号	CI项目名称	数量	材　质	备　注
1	门口施工标牌	1个	不锈钢板及钢管	
2	院内施工图牌	8个	铝合金	
3	项目经理部名牌	1个	不锈钢钢板	
4	办公室内图牌	30个	铝合金框、玻璃	

续表

序号	CI项目名称	数量	材　质	备　注
5	办公室门牌	15个	有机板	
6	施工导向牌	1个	不锈钢板及钢管	
7	安全宣传牌	1个	不锈钢板及钢管	
8	地点显示标牌	7个	不锈钢板	
9	大门	4个	不锈钢板	
10	胸卡	400个	210g铜版纸	过塑
11	办公室CI装修	14间	乳胶漆,外墙涂料	
12	会议室CI装修	1间	乳胶漆,油漆	
13	宿舍盒子楼	1幢	外墙涂料,油漆	
14	食堂装修	1间	白瓷砖,外墙涂料	
15	配电箱等改造	10个	油漆	
16	安全帽	400个	油漆	
17	广告布	$100m^2$	布质	
18	标语	3幅	铁皮,角钢,油漆	公司标准
19	办公桌椅	30套	木制	普通
20	经理办公桌	1套	木制	
21	会议椭圆桌	1套	木制	
22	经理办公室黑沙发	1套	木制	
23	电脑	6台		局域网

4.3.1.5 施工现场CI管理的检查与验收

1. 企业中各级CI执行小组应遵照企业制定的《施工现场CI达标细则》和《现场CI评分标准》对本单位各工程CI执行情况进行检查。上级CI执行小组每年对申请达标的项目进行1~2次验收,验收不合格的项目,不能参加企业集团的优秀项目经理及精神文明建设先进单位的评选。

2. 凡欲参加企业集团优质工程、省市优质工程、鲁班奖等由企业集团推荐评奖的工程,只要符合达标工程条件,必须参加CI

达标竞赛活动。由局级CI执行小组负责监督检查,并负责汇总上报企业集团CI小组,接受其验收检查。

3. 检查方式:采取现场检查和档案检查两种方式。

现场检查:在工程最能体现CI全貌的时候,报请组织CI达标活动的上级CI执行小组前往工地现场检查、评比。

档案检查:凡欲参加企业集团CI达标评优的工程,从工程一开始必须建立CI达标档案,按照实施细则和标准,将工程现场CI情况及时做检查记录、拍照和录像备案,交上级CI小组审查。

4. 验收标准:由于各地区、各工程的具体条件不尽相同,限制了一些工程不能完全执行《施工现场CI实施细则》的全部内容。可将能执行CI达标的内容称为"可执行CI内容"对其"可执行CI内容"进行评审,凡得分占"可执行CI内容"总分90%以上工程,即可评为CI达标工程。

4.3.1.6 中建总公司施工现场CI评分标准,如表4-2所示。

中建总公司施工现场CI评分标准 **表4-2**

序号	项目	内容	基础分数	维护分数	扣分	奖励分	实得分数
一	工地外貌	1. 大门					
		结构	1				
		色彩	2				
		尺寸	1	2			
		文字组合(尺寸、色彩、比例、字体)	2				
		2. 围墙					
		材质	1				
		尺寸	1				
		色彩	2	2			
		标准组合(尺寸、色彩、比例、字体)	2				

续表

序号	项目	内容	基础分数	维护分数	扣分	奖励分	实得分数
二	现场办公室	1. 外观					
		色彩	2				
		材质	1	1			
		门牌	2				
		项目经理部名牌	2				
		2. 内部					
		装修材质	1				
		色彩	1				
		室内布置(桌椅、办公柜、窗帘)	2				
		项目经理、书记室桌旗	1	1			
		墙上图牌(款式、材质、标准组合)	2				
三	会议室或接待室	1. 外观					
		材质	1				
		色彩	2	1			
		门牌	1				
		2. 内部					
		装修材质	1				
		色彩	2				
		室内布置(桌布、桌旗、窗帘)	3	1			
		质量方针(字的色彩、标准组合)	1				
四	门卫室	材质	1				
		色彩	1	1			
		门牌	1				

续表

序号	项　目	内　容	基础分数	维护分数	扣分	奖励分	实得分数
五	现场图牌	1. 施工图牌					
		材质	1				
		尺寸	1	1			
		标准组合	2				
		色彩	1				
		2. 导向牌					
		材质	1				
		尺寸	1	1			
		标准组合	2				
		色彩	1				
六	生活临建	1. 宿舍					
		外观色彩	2				
		外观导向牌	0.5	1			
		内部整洁度	1				
		2. 食堂					
		外观色彩	2				
		门牌	0.5	1			
		内部整洁度	1				
		3. 洗手间					
		外观色彩	1				
		外观字样	0.5	1			
		内部清洁度	1				
七	施工机械设　备	1. 配电箱					
		色彩	1	1			
		标准组合	2				
		2. 塔吊					
		标志与名称组合	1	1			
		3. 其他机械设备					
		标准组合	0.5	0.5			

续表

序号	项　目	内　容	基础分数	维护分数	扣分	奖励分	实得分数
八	楼面形象	1. 广告布					
		色彩	2	2			
		标准组合	2				
		2. 广告标语					
		色彩	1	2			
		标语与文字组合	2				
九	人员形象	1. 安全帽					
		色彩	1	1			
		标志	2				
		2. 胸卡					
		规格	1	0.2			
		标准组合	2				
		3. 服装	0	0		2	

该评分标准满分为100分。

维护分数指凡是材质、色彩保持清新、完整，即可得此分。

奖励分数指凡材质超过《中建总公司企业形象视觉识别规范手册施工现场分册》所规定标准的，则在该项上奖励1分，超过几项加几分，计入总分。

在评分表中，服装不计入100分内，只计算奖励分。

4.3.2 施工现场成品保护管理

4.3.2.1 成品保护管理的重要性

施工工程项目从开工准备到交付使用的整个施工过程，是一个综合性、多专业、多工种反复穿插作业的过程。在这个过程中，随着工程进度的不断推进，有些分项、分部工程已经完成，而其他工程正在施工，或者某些部位已经完成，而其他部位正在施工。特别在装修施工阶段和全面机电安装收尾竣工阶段尤为突出，一个施工单元内，少则十余道工序，多则数十道工序来回穿插施工，如果对已完成的成品、半成品，不采取妥善的措施和严格的管理加以保护、保卫,就会造成丢失、损坏、污染和各种各样的损伤,造成国家财产的损失和工程质量的下降。这样,需要增加修补工作量,增补缺损和丢失的材料、配件,既浪费工料,又拖延了工期;更为严重的是对于那些进口材料、设备和配件的丢失和损伤,难以在短期内配齐原件和修补恢复到原样,成为永久性质量缺陷。

因此,搞好成品保护管理,是一项关系到确保工程质量,有效降低工程成本,按期完成竣工目标,实现合同全面承诺的重要现场管理工作。

4.3.2.2 成品保护责任制的建立和措施实施、奖罚办法

1. 成品保护管理的组织措施

(1) 总包项目经理部应建立成品保护管理组织机构,由一名领导负责,组织工程、技术、质量、保卫、材料等相关部门人员参加。对整个工程的成品保护管理结合现场安全文明管理建库、建制并进行有效的领导组织、贯彻执行检查考核。

(2) 总包项目经理部推行“谁施工谁负责”的成品保护管理责任制度。各分包单位对各自承包范围内的工程成品保护工作分别对总包负责。大型工程能严格划分区域的,实行主施工单位的区域总负责制,并必须建立相应的管理组织机构,构筑总、分包成品保护管理工作网。

(3) 对重点工程项目、大型公建工程的装修施工阶段,应建立专职成品保护员队伍,专门负责成品保护和保卫工作。对每一位成员明确责、权、利,建立起纠正有效的责任制度,使专保人员认真负责地强化管理。

(4) 项目经理部应建立严格的工地大门卫、重点部位和区域专业小门卫收人、机、料出入证检查制度;机电安装机房值班看护制度;成品房间、区域、部位移交另一专业进入的交接联合检查签认制度;成品保护巡视检查制度以及经济奖罚等制度,以保证成品保护措施认真落实。

(5) 贯彻专保与群保相结合的成品保护工作方针。应组织施工全员针对性强的定期不定期对成品保护与保卫工作的责任心教

育,使人人能认识到提高此项工作的重要性,忽视此项工作的危害性,保护财产是人人应尽的义务,提高与违法乱纪,与坏人坏事做斗争的责任感,提高全员认真执行各项成品保护与保卫措施的自觉性。

(6) 遇到非常重要的、十分特殊的成品保护与保卫难题时,可采取委托方式。如:委托有保护业绩的专业保安公司实施重要施工阶段的成品保护管理;委托特殊进口设备制造方为该设备安装交用施工期编制成品保护的技术措施;委托贵重设备、器材供货方对其成品保护等。

2. 成品保护管理的保护措施

保护措施归纳起来主要有护、包、盖、封四种基本方法。

(1) 护

护就是以防止成品在工程后续施工中可能发生损伤和污染所进行的提前防护。如:水电预埋管线人员在已绑扎成型的釉面钢筋上套丝时,为防止机油污染钢筋,对操作区钢筋网上铺纸板或苫布的防护;为防止清水砖墙面受污染,在脚手架的上料部位,井架进料口附近封面上,提前粘、钉塑料布或牛皮纸的防护;各类饰面的楼梯踏步成品,必须作通道时,采用护棱木板或角铁上下连通固定的防护;已安装好的门口在手推车易碰部位的高度范围,提前钉上防护木板条或槽型盖铁的防护等。

(2) 包

包就是以防止成品在工程后续施工中可能发生损伤和污染所进行的包裹保护。如:大理石、花岗石等高级块料面层的柱、墙饰面,用木立板、泡沫塑料板、聚苯板、厚纸板、锯末板、木丝板等的包裹捆扎保护;硬木楼梯扶手成品易污染变色,用纸或塑料布包扎保护;铝、塑、塑钢门窗的框料、玻璃满包保护膜的保护;室内管线、炉片、灯具等污染的清理,用包纸包布捆扎的保护等。

(3) 盖

盖就是以防止成品在工程后续施工中可能发生堵塞或损坏所进行的表面覆盖保护。如:水泥地面、现浇或预制水磨石地面成活后应铺干锯末覆盖;地漏口、下水口、线管接线盒口等防止水泥砂浆、杂物堵塞应加塑料或铁皮口盖保护;高级填料地面饰面、木地板成活后,应在人行物料通道范围用苫布或棉纤织物覆盖保护;季节施工中需防晒、防冻、保温的成品、半成品应适当覆盖保护等。

(4) 封

封就是以防止成品在工程后续施工中可能发生丢失、损伤、污染所进行的局部封闭和临时封闭。根据需要封闭的时间有长有短,封闭的楼层、房间、部位有多有少。如:各种装饰做法的楼梯间完成装修后,应将该楼梯口暂封闭,待达到上人强度和采取好保护措施后再放行;多个楼梯可施工、封闭、放行排序进行;屋面防水工程完成后应封闭上屋面楼梯门或出入口;室内各房间精装修完成后进入各专业收尾阶段均应分层、分房间锁门封闭;设备安装机房、仪表室、配电室、总机房、消防中控室等重要部位土建安装时均应锁门封闭,交给安装单位封闭管理等。

3. 成品保护管理的技术措施

(1) 科学合理地安排施工顺序,按正确的施工流程组织施工,是进行成品保护的有效技术措施。例如,遵循先地下后地上、先深后浅的施工顺序,就不至于破坏地下管网和道路路面和楼内地面;结构施工和安装工程的预留、预埋要紧密配合进行施工,可完全避免在结构上打洞剔槽安装管道,影响质量和进度;装饰工程施工坚持自上而下的大流水顺序,并尽量考虑湿作业在前,干作业在后,先室外后室内,先屋面后墙地面的作业安排,利于保护装饰成品质量;室内装饰顶棚、墙面、地面的工序安排要针对具体的饰面做法进行分析,可先做地面,后做顶棚、墙面抹灰,可有效地防止下层装饰受渗水污染,但需对做好的地面成品加以保护,亦可先做顶棚、墙面,后做地面,则要求楼板不渗水,总之,要将对成品保护要求较高的工序作业,安排在最后施工;一般工程的楼梯间和踏步饰面作业,宜在整栋楼或几个楼层的流水分层内饰面工程完成后,自上而下的进行,否则,当楼梯间仍作为大量人员、物料的通道利用时,成品受损伤、污染较大;安装工程中的灯具、面板、设备器具的小配件、表、轮等的安装,应在土建、装修、装饰面层作业全部完成后,具备锁门条件时,最后安装,可有效地防止污染、损伤和丢失。

(2) 认真搞好“设计结合”,积极推广应用新材料、新工艺,使新技术发挥出有效保护成品的重要作用。例如,地下室外墙防水应保护,一般为保护砂或砌单混凝土保护墙,不仅费工费料,而且保护效果仍不很理想,而推广采用粘贴一定厚度的聚苯板保护,变湿作业为干作业,效率高,成本低,有效保护防水层,确保在回填土夯实过程中不受损害;在结构加固改造工程中,采用了专用设备施工的各种钢筋植栽技术、粘钢加固技术、粘贴碳纤维布加固技术等,都科学合理的解决了保留结构的质量保护;对诸如停车楼一类工程,对楼地面和屋面有特殊防水、防滑耐磨要求的楼地面施工,质量控制和成品保护难度大,必须从技术角度综合考虑。如:北京首都国际机场停车楼工程,14 万多平方米的屋、楼、地面施工,根据要求,分别采用了美国 3M 公司研制的防水防滑耐磨材料、丹麦海鸥老人漆耐磨涂料、中建院 RA-1 型耐磨材料,并严格按新工艺施工,取得了显著成效;对装修、装饰设计及施工,要从确保装饰质量和效果出发,努力提高装配水平,积极推广应用新型建材,尽量减少湿作业,减少工序,这方面可供采用的新材料很多,应积极推广应用,使之达到少污染,少作业的目的。

(3) 严格掌握和控制施工中的技术间歇时间和技术参数,是保证成品、半成品质量和成品保护的有效技术手段。

在施工过程中,由于施工工艺要求,某施工过程或工序在某施工段上完成后必须停歇的时间间隔,称为技术间歇。有些工序之间的技术间歇时间性很活,如果不严格控制,将直接影响质量和成品保护。例如,各类地面面层施工完成后按规范规定的养护期、养护方法严格实施后方能上人进入下道工序;铺贴各种卷材防水施工,必须等找平层干燥后方能刷冷底油,再等冷底油干燥后方能铺贴卷材;各类油漆饰面成品完成后一定要等面漆完全干燥,方能安装其上面的五金或其他装饰品和电气件面板等,否则成品、半成品易受到损伤破坏。

在施工过程中，由于施工工艺要求，对成品、半成品工序过程、新选用材料、掺加剂按技术标准规定的定性定量数值，称为技术参数。必须严格控制，特别现在大量使用化工产品、材料、掺加剂的施工中更应高度重视。例如，钢筋混凝土结构施工中，促凝剂、缓凝剂、抗冻剂、脱模剂等附加剂的掺量控制；钢结构防火喷涂材料制备中各组设备重量的控制；用漆浆法施工外墙贴石材面层时，粘结剂的掺量控制、排水管道水泥捻口中微膨剂的掺量等，若不严格控制，不仅质量受影响，起不到内在保护成品的作用，不注意还会产生更大的成品损伤。

(4) 坚持执行行之有效的成品保护技术措施，并不断总结实践应用中的创新措施，将其标准化，使成品保护技术措施走上规范化管理。例如，坚持细化工序管理，以利于成品保护的有效技术措施。如：管道阀门安装完成后将手轮卸下入库保存，待验收时再安装；门扇安装完后先卸下保存，待易产生污染工序完成后再行安装上锁；所有纱门窗扇待竣工前最后安装等；坚持采用定型的，行之有效的工具式保护措施。如：在喷、滚、涂、刷浆施工中对门窗和暖气片进行遮挡的工具式挡板；对楼梯踏步进行保护时的工具式护板；对管道口进行临时封盖时的工具式的塑料口盖等；坚持对工作人员和使用工具机具在行之有效的保护措施中严格执行明确的规定要求。如：室内使用的钢梯、工具式脚手架、工作平台、推车的下脚必须穿胶皮套鞋，否则不得在已做好的各种地面上施工；安装灯具、插座、开头、探头、风口、喷洒头的安装工必须戴洁净的白手套进行作业；所有进入木地板、大理石、花岗石等高级地面装饰地域的操作工人和工作人员必须穿干净胶鞋或泡沫塑料拖鞋等。

4.3.2.3　分项工程成品保护的措施要求

1. 地面与楼面工程

(1) 混凝土地面

1) 在已浇筑的混凝土强度达到1.2MPa，方准上人；

2) 施工中，应保护好暖工、电器等设备暗管，依立门口，不得碰撞；

3）在防水层基层上施工时，必须保护好防水层，严禁破损，一经发现破损，及时修补，检验合格后，方可施工下道工序。

（2）水泥砂浆地面

1）施工时保护好已完工的成品，门框包铁；

2）地漏出水口加临时堵口，防止杂物堵塞；

3）多种管线铺设后，立即用水泥砂浆固定位置；

4）注意地面在潮湿条件下养护，不得剔凿孔洞。

（3）活动地板

施工时保护好已完工成品，对门框、铝合金窗框等采取切实的保护措施。活动地板等配套材料进场后，应设专人负责检查验收其规格、数量，并做好保管工作，尤其在运输、堆放过程中要注意保护面板不受损坏。在整个地板安装过程中，要贯彻随污染随清擦，特别是环氧树脂和乳胶液体，应及时清擦干净，严防污染成品。

在已经铺设好的地板上行走或作业，应穿泡沫塑料拖鞋或干净胶鞋，不能穿带有金属钉的鞋子，更不能用锐物、硬物在地板表面拖拉、划擦及敲击。

凡进行设备安装前，必须采取保护面板措施，一般应铺设置厚3mm以上的橡胶板，上垫胶合板作临时性保护措施。

安装设备时应观察支撑情况，若属于框架支撑，可随意码放；若是四点支撑，则应尽量靠近板框；如设备重量超过地板规定荷载时，应在板块下部增设一个地板支撑架。但在临时运输道路和堆放地点，必须采取保护面板措施，其接触面也不应太小，一般应铺设厚5mm以上的橡胶板，上垫5cm脚手板做临时性保护措施。

为保证地板面层清洁，可涂擦地板蜡，当局部沾污时，可用汽油、酒精或肥皂水等擦净。

（4）现制水磨石地面

铺抹打底和罩面灰时，水电管线、各种设备及预埋件不得损坏；运料时注意保护门口、栏杆等，不得碰损；面层装料等操作应注意保护分格条，不得损坏；磨面时将磨石废浆及时清除，不得流入下水口及地漏内以防堵塞；磨石机应设罩板，防止溅污墙面等，重要部位、设备应加苫盖。

(5) 大理石、花岗石及碎拼大理石地面

存放的大理石板块，不得雨淋、水泡、长期日晒。一般采取板块立放，光面相对。板块的背面应支垫松木条，板块下面应垫木方，木方与板块之间衬垫软胶皮。在施工现场内倒运时，也应按照上述要求。

运输大理石(或花岗石)板块、水泥砂浆时，应采取措施防止碰撞已做完的墙面、门口等。铺设地面用水时，防止浸泡、污染其他房间地面、墙面。

试拼面在地面平整的房间或操作棚内进行。调整板块的人员宜穿干净的软底鞋搬动、调整板块。

铺砌大理石(或花岗石)板块及碎拼大理石板块过程中，操作人员应做到随铺砌随擦净，大理石板面应该用软毛刷和干布来擦。

新铺砌的大理石(或花岗石)板块的房间应临时封闭，当操作人员和检查人员踩踏新铺砌的大理石板块时要穿软底鞋，并轻踏在一块材板中。

在大理石(或花岗石)地面或碎拼大理石地面上行走时，找平层砂浆的抗压强度不得低于 1.2MPa。

大理石(或花岗石)地面或碎拼大理石地面完工后，房间封闭，粘贴层达到强度后，应在其表面加以覆盖保护。

(6) 缸砖、水泥花砖地面

对已完工程在地面铺贴前，应做好成品保护，如：门框要钉保护铁皮防止碰坏棱角；推车运输应采用窄车，车腿底端应用胶皮等包裹。

严禁在已铺好的缸砖或水泥花砖地面上拌和砂浆。在已铺好的地面上工作时应注意防止砸碰损坏，严禁在地面上任意丢扔铁管、钢材等重物。油漆、刷浆等施工时应对已铺地面进行保护，防止面层污染。

(7) 长条、拼花硬木地板

木地板材料应码放整齐，使用时轻拿轻放，不可以乱扔乱堆，以免损坏棱角;铺钉木地板时,不应损坏墙面抹灰层;木地板上作业应穿软底鞋,且不得在地板面上敲砸,防止损坏面层;木地板施工应保证施工环境的温度、湿度,施工完应及时覆盖塑料薄膜,防止开裂或变形;木地板磨光后及时刷油或打蜡;通水和通暖时应注意截门及管道的三通弯头等处,防止渗漏后浸湿木地板造成地板开裂或起鼓;设专人看管,做好木地板成品保护。

(8) 厕浴间 SBS 橡胶改性沥青涂料防水层

铺贴好的涂料防水层,应及时采取保护措施,防止损坏。施工遗留的钉子、木棒等杂物应及时清除;操作人员不得穿带钉的鞋作业,涂抹防水层施工后未固化前不允许上人行走踩踏,以免损伤防水层,造成渗漏;穿过墙体、楼板等处已稳固好的管根,应加以保护,施工中不得碰损、变位;地漏、蹲坑、排水口等应保持畅通,施工中应采取保护措施。

(9) 厕浴间聚氨酯涂抹防水层

已刷完的防水层,应及时保护,未保护前,不得穿钉鞋入内;突出地面管根、地漏、排水口、卫生洁具等处的周边防水层,不得碰损;

地漏、排水口等处应保持通畅,施工中防止堵塞;涂层未固化前不得上人;施工过程中保护好墙角、门洞等部位,防止污染。

2. 门窗工程

(1) 木门窗安装

一般木门框安装后应用铁皮保护,其高度以手推车轴中心为准,若门框安装与结构同时进行,应采取措施防止门框碰撞或移位变形;对于高级硬木门框宜用 1cm 厚木板条钉设保护,防止砸碰,破坏裁口,影响安装;修刨门窗时应用木卡具将门垫起卡牢,以免损坏门边;门窗框扇进场后应妥善保管,入库存放,垫起离开地面 20～40cm 并垫平,按使用先后顺序将其码放整齐,露天临时存放时,上面应用苫布盖好,防止雨淋;进场的木门窗、框靠墙面应刷木材防腐剂进行处理;安装门窗扇时应轻拿轻放,防止损坏成品,整修门窗时不得硬撬,以免损坏扇料和五金;安装门窗扇时注意防止碰撞抹灰角和其他装饰好的成品；已安装好的门窗扇若不能及时安装五金时，应派专人负责管理，防止刮风时损坏门窗及玻璃；严禁将窗框扇作为架子的支点使用，防止脚手板砸碰损坏门窗；五金安装应符合图纸要求，安装后应注意成品的保护，喷浆时应遮盖保护，以防污染；门扇安好后不得在室内再使用手推车，防止砸碰。

(2) 钢门窗安装

钢门窗进场后，应按规格、型号分类存放，然后挂牌并标明其规格型号和数量，用苫布盖好，严防乱堆乱放，防止钢窗变形和生锈。钢门窗运输时要轻拿轻放，并采取保护措施，避免挤压、磕碰，防止变形损坏。抹灰时残留在钢窗及钢门框上的砂浆及时清理干净。脚手架严禁以钢门窗为固定点和架子的支点，禁止将架子拉、绑在钢门窗框和窗扇上，防止钢门窗移位变形。拆架子时，注意有开户的门窗扇关上后，再落架子，防止撞坏钢窗。

(3) 铝合金门窗安装

铝合金门窗应入库存放，下边应垫起、码放整齐，对已装好披水的窗，注意存放时的支垫，防止损坏披水；门窗保护膜检查无损后再进行安装，安装后及时将门框两侧用木板条捆绑好，防止碰撞损坏；若采用低碱性水泥砂浆或豆石混凝土堵缝时，堵后应及时将水泥砂浆刷净，防止水泥固化后不好清理和损坏表面氧化膜，铝合金门窗在堵缝前应对与水泥砂浆接触面进行涂刷防腐剂做防腐处理；抹灰前应将铝合金门窗用塑料薄膜保护好，任何工序不得损坏其保护膜，防止砂浆、污物对铝合金表面的侵蚀；铝合金门窗保护膜应在交工前撕去，要轻撕，且不可用开刀去铲，防止将表面划伤，影响美观；铝合金表面若有胶状物时，应使用棉丝沾专用溶剂擦拭干净，若发现局部划痕，可用小毛刷沾染色液进行补染；任何工种严禁用铝合金门窗框当架高支点，防止变形和损坏，室内运输时严禁砸、碰和损坏；建立严格的成品保护制度。

3. 装饰工程

(1) 抹水泥砂浆

门窗框上残存的砂浆应及时清理干净，铝合金门窗框安装前要粘贴保护膜,嵌缝用中性砂浆,应及时清理,并用洁净的棉丝将框擦净;翻拆架子时要小心,防止损坏已抹好的水泥墙面,并应及时采取保护措施,防止因工序穿插造成污染和损坏,特别应对边角处钉木板保护;各抹灰层在凝结前应防止曝晒、快干、水冲、撞击和振动,以保证其灰层有足够的强度;油工刷油漆,防止油漆桶从架子上掉下,污染墙面,且不可蹬踩窗台,损坏棱角。

(2) 喷涂、滚涂、弹涂

施工前应将不进行喷、滚、弹涂的门窗及墙面保护遮挡好;喷、滚、弹涂完成后及时用木板将门窗洞口、墙角保护好,防止碰撞损坏;拆架子时严防碰损墙面涂层;油工施工时严禁蹬踩已施工完部位,并防止将油桶碰翻,污染墙面;室内施工时防止污染喷、滚、弹涂饰面面层;阳台、雨罩等出水口宜采用硬质塑料管埋设,最好不用铁管,防止面层的锈蚀污染。

(3) 室外贴面砖

要及时清擦干净残留在门窗框上的砂浆,特别是铝合金门窗框应粘贴保护膜,预防侵蚀;认真贯彻合理施工顺序,水电、通风、设备安装等应提前完成,防止损坏面砖;油漆粉刷不得将油漆滴在已完的饰面砖上,若上部有喷涂等工序时,宜后贴面砖以免污染墙面,若需先做面砖时,完工后必须采取贴纸或塑料薄膜等措施,防止污染;各抹灰层的凝结前应防止快干、曝晒、水冲和振动,以保证其灰层有足够的强度;拆架时注意不要碰撞墙面。

(4) 大理石、磨光花岗岩、预制水磨石饰面

大理石、预制水磨石、磨光花岗岩的柱面、门窗套等安装完后,应对所有面层的阳角及时用木板保护,同时要及时清擦干净残留在门窗框、扇的砂浆,特别是铝合金窗框、扇,事先应粘贴好保护膜,预防污染;饰面板层凝结前应防止快干、曝晒、水冲、撞击和振动;大理石或预制水磨石、磨光花岗石墙面镶贴完后应及时贴纸或贴塑料薄膜保护,以保证墙面不被污染;拆架子时注意不要碰撞墙面。

(5) 壁纸墙面

壁纸裱糊后白天开窗,加强通风,夜间闭门防潮。裱糊到电门等处时做破纸标记;壁纸粘贴后尽量做到封闭通行,对于有后续工作的进行覆盖保护;大面积墙面完工后,设专人看护。

(6) 木骨架罩面板顶棚

顶棚木骨架及罩面板安装时,应注意保护顶棚内装好的各种管线、木骨架的吊杆、龙骨不准固定在通风管道及其他设备上;施工部位已安装的门窗,已施工完的地面、墙面、窗台等应注意保护、防止损坏;木骨架材料,特别是罩面板材,在进场、存放、使用过程中应妥善管理,使其不变形、不受潮、不损坏、不污染;其他专业的吊挂件不得吊于已安装好的木骨架上。

(7) 轻钢骨架石膏面板顶棚

轻钢骨架及罩面板安装时应注意保护好棚内管线,轻钢骨架的龙骨、吊杆不准固定在通风管道及其他设备上;应注意顶棚部位已安装的门窗,已完工的地面、墙面等保护;安装完的轻钢龙骨不得上人,其他工种的吊件不得吊于轻钢龙骨上;罩面板必须在棚内管道、试水及保温等一切工序完工后进行。

(8) 木门窗清色油漆

每遍油漆前,都应将地面、窗台清扫干净,防止尘土飞扬,影响油漆质量;每遍油漆后,都应将门窗扇用钩钩住,防止门窗扇、框油漆粘结,破坏漆膜,造成修补及损伤;刷油漆后应将滴在地面或窗台上,及在墙上的油点刷干净;油漆完成后应派专人负责看管。

(9) 金属面混色油漆

刷油漆前应首先清理好周围环境,防止尘土飞扬,影响油漆质量;每遍油漆刷完后,都应将门窗用钩钩住或用木楔固定,防止扇框油漆粘结影响质量和美观,同时防止门窗扇玻璃损坏;刷油后立即将滴在地面或窗台上和墙上及五金的油漆清擦干净;油漆完成后应派专人负责管理,禁止摸碰。

(10) 木地板油漆打蜡

每次刷油漆前应将窗台粉尘清理干净,并在刷油时将窗关闭,以防风尘污染漆面;刷油前应将地板板面清理干净;施工操作应连续进行,不可中途停止,防止涂层损坏,不易修复;交活后封门,以保持地面洁净,若需进门施工时宜将地板面用塑料薄膜等保护好,施工人员应穿软底鞋,严禁穿带钉鞋在地板上活动;严禁在交活后的地板上随意刨凿、砸碰,以免损坏面层;严禁在地板上带水作业及用水浸泡地板;地板上落下的砂浆等应及时清扫干净,防止磨损油漆面层。

(11) 玻璃安装

凡已经安装完门窗玻璃的工程必须派专人看管维护,每日应按时开关门窗,尤其在风天,更应注意,以减少玻璃的损坏;门窗玻璃安装后,应随手挂好风钩或插上插销,防止大风损坏玻璃,并将多余的和破碎的玻璃及时送库或清理干净;对于面积较大、造价昂贵的玻璃,宜在工程交验之前安装,若需要提前安装时,应采取妥善保护措施,防止损伤玻璃造成损失;玻璃安装时,操作人员要加强对窗台及门窗口抹灰等项目的成品保护。

(12) 玻璃幕墙安装

材料进场后,入库保存,上面不得放置重物,用料时轻拿轻放,玻璃分规格立于木板上,专人看管;安装龙骨时吊篮专人负责,安装工下班时,吊篮的端头加泡沫垫,停、收工时将吊篮降至无玻璃处,以防损坏;玻璃安装完后,为防人靠近,在楼层上距一定距离内,设置安全网,并设专人防护;靠近玻璃施工时,用纤维板遮拦进行保护。

(13) 预制花饰安装

花饰安装后较低处应用板材封闭,以防碰损;花饰安装后应用覆盖物封闭,以保持洁净和色调;拆架子或搬运材料、设备及施工工具时,不得碰撞花饰,注意保护。

(14) 楼梯扶手安装

安装扶手时应保护楼梯栏杆和踏步面层,楼梯踏步应有保护措施;木扶手安装完毕后,宜刷一道底漆,且应加裹保护,以免撞击损坏和受潮变色;塑料扶手应随安装及时保护。

(15) 窗台板、暖气罩安装

安装暖气罩和窗台板时，应保护已完成的工程项目，不得因操作损坏地面、窗洞、墙角等成品；窗台板、暖气罩进场后应妥善保管，做到木制品不受潮，金属品不生锈，石料、块材制品不损坏棱角、不受污染；安装好的成品应有保护措施，做到不破损，不污染。

4. 屋面工程

(1) 屋面保温隔热层

油毡隔气层铺设前，应将基层表面的砂粒、硬块等杂物清扫干净，防止铺贴时损伤油毡；在已铺好的松散、板状或整体保温层上不得直接行走，拉运输小车，行走线路上应铺垫脚手板；保温层施工完成任务后，应及时铺抹水泥砂浆找平层，以减少受潮和进水，尤其在雨期施工，更要及时采取措施。

(2) 屋面找平层

抹好的找平层上推小车运输时，应先铺设脚手板车道，防止破坏找平层；雨水口、内排水口等部位应当采取临时措施保护好，防止堵塞和杂物进入；沥青砂浆找平层滚压成活后，不得在上面走动或踩踏。

(3) 沥青防水卷材屋面防水层

施工人员应保护已做好的保温层、找平层等成品；运送材料的手推车支腿应当用麻袋等柔软材料包扎，防止将防水层刮破；防水层施工时，注意不要让沥青污染墙面、沿口，堵塞屋顶管线口；防水层做完后，应及时做好保护层，并注意施工中的成品保护。

(4) 雨水管、变形缝制作安装

搬运水漏斗、水落管要轻拿轻放，堆放场地应平整，按横一排、竖一排顺序排码整齐；涂刷各道油漆应按工艺要求进行，涂完的成品要防止污染和碰撞；雨期施工时水落管未安装前，应采取排水措施，防止雨水污染水落管附近的墙面；水落斗、水落管安装后刷最后一道罩面漆时，应注意防止污染墙面。

5. 采暖及卫生设备安装工程

(1) 室内给水管道安装

安装好的管道不得用做支撑或放脚手板，不得踏压，其支托卡架不得作为其他用途的受力点;管道在喷浆前要加强保护,防止灰浆污染管道;截门的手轮在安装时应卸下,交工前统一安装好;水表应有保护措施,为防止损坏,可统一在交工前装好。

(2) 室内铸铁排水管道安装

预留管口的临时封堵不得随意打开,以防掉进杂物造成管道堵塞;在回填房心土时,对已铺好的管道上部要先用细土覆盖200mm以上,并逐层夯实,不许在管道上部用蛤蟆夯等机械夯土;预制好的管道要码放整齐,垫平、垫牢,不许用脚踩或物压,也不得双层平放;不许在安装好的托、吊管道上搭设架子或拴吊物品,竖井内管道在每层楼板处要做型钢支架固定;冬期施工捻灰口必须采取防冻措施。

(3) 室内采暖管道安装

安装好的管道不得用做吊拉负荷及支撑,也不得蹬踩;搬运材料、机具及施焊时,要有具体防护措施,不得将已做好的墙面和地面弄脏、砸坏;管道安装好后,应将阀门的手轮卸下,保管好,竣工时统一装好。

(4) 室内散热器组对及安装

散热器组对、试压安装过程中要立向抬运、码放整齐,在土地上操作放置时下面要垫木板,以免歪倒或触地生锈,未刷油前应有防雨、防锈措施;散热器往楼里搬运时,应注意不要将木门口、墙角地面磕碰坏,应保护好柱形炉片的炉腿,避免碰断,翼型炉片防止翼片损坏;剔散热器托钩墙洞时,应注意不要将外墙砖顶出墙外,在轻质墙上栽托钩及固定卡时应用电钻打洞,防止将板墙剔裂;钢制串片散热器在运输和焊接过程中防止将叶片碰倒,安装后不得随意蹬踩,应将卷曲的叶片整修平整;喷浆前应采取措施保护已安装好的散热器,防止污染,保证清洁,叶片间的杂物应清理干净,并防止掉入杂物。

(5) 卫生洁具安装

洁具在搬运和安装时要防止磕碰,稳装后,洁具排水口应用防护用品堵好,镀铬零件用纸包好,以免堵塞或损失;在釉面砖水磨石墙面剔孔洞时,宜用手电钻或先用小錾子轻剔掉釉面,待剔至砖底层处方可用力,不得过猛,以免将面层剔碎或振成空鼓现象;洁具稳装后,为防止配件丢失和损坏,如:拉链、堵链等材料、配件应在竣工前统一安装;安装完的洁具应加以保护,防止洁具瓷面受损和整个洁具损坏;通水试验前应检查地漏是否畅通,分户阀门是否关好,然后按层段分户分房间逐一进行通水试验,以免漏水使装修工程受损;在冬期室内不通暖时,各种洁具必须将水放净,存水弯应无积水,以免将洁具和存水弯冻裂。

(6) 室内消防管道及设备安装

消防系统施工完毕后,各部位的设备部件要有保护措施,防止碰动跑水,损坏装修成品;报警阀配件、消火栓箱内附件,各部位的仪表等均应加强管理,防止丢失和损坏;消防管道安装与土建及其他管道发生矛盾时,不得私自拆改,要经过设计,办理变更洽商妥善解决;喷洒头安装时不得污染和损坏吊顶装饰面。

(7) 室内消防气体灭火系统管道及设备安装

预制加工好的干、立、支管,要分别按编号排放在平整场地上,并用木方垫好,不允许大管压小管码放,严防脚踏、物砸;螺栓连接后的管道,注意保护管端丝扣;安装好的管道不得做支撑架、系安全带、放脚手板,更不得蹬踩;安装好管道及设备在抹灰、喷涂前应做好防护处理,以免被污染。

(8) 室内蒸汽管道及附属装置安装

安装好的管道不得用做吊拉负荷及支撑,也不得蹬踩;搬运材料、机具及施焊时,要有具体防护措施,不得将已做好的墙面和地面弄脏、砸坏;各种附属装置及器具,应加装保护盖或挡板等保护措施,阀门的手轮卸下保管好,竣工时统一装好。

(9) 管道及设备防腐

已做好防腐层的管道及设备之间要隔开,不得粘连,以免破坏防腐层;刷油前先清理好周围环境,防止尘土飞扬,保持清洁,遇到大风、雨、雾、雪不得作业;涂漆的管道、设备及容器,漆层在干燥过程中应防止冻结、撞击震动和温度剧烈变化。

(10) 管道及设备保温

管道及设备保温,必须在地沟及管井内进行清理,在不再有下道工序损坏保温层的前提下,方可进行保温;一般管道保温层应在水压试验合格、防腐完成后方可施工,不能颠倒顺序;保温材料进入现场不得雨淋或存放在潮湿场所;保温后留下的碎料,应由负责施工的班组自行清理;土建若喷浆在后,应有防止污染明装管道保温层的措施。

6. 通风与空调安装工程

(1) 风管及部件安装工程

安装完的风管要保证风管表面光滑洁净,室外风管应有防雨、防雪措施;暂停施工的系统风管,应将风管开口处封闭,防止杂物进入;风管伸入结构风道时,其末端应安装钢板网,以防止系统运行时杂物进入金属风管内;金属风管与结构风道缝隙应填充严密;风管穿越沉降缝时应按设计要求加设套管,套管与风管的间隙用填料(软质)封堵严密;交叉作业较多的场地,严禁以安装完的风管作为支、托架,不允许将其他支、托架焊在或挂在风管法兰和风管支、吊架上;运输和安装不锈钢、铝板风管时,应避免产生刮伤表面现象,安装时,尽量减少与铁质物品接触;运输和安装阀件时,应避免由于碰撞而产生的执行机构和叶片变形;露天堆放应有防雨、防雪措施。

(2) 风管及部件保温工程

保温材料现场堆放一定要有防水措施,尽可能存放于库房中或用防水材料遮盖并与地面架空;镀锌钢丝、玻璃丝布、保温钉及保温胶等材料应放在库房内保管;保温用料应合理使用,尽量节约用材,收工时未用尽的材料应及时带回保管或堆放在不影响施工的地方,防止丢失和损坏。

(3) 空气处理室安装工程

空气处理室安装就位后,应在系统连通前做好外部防护措施,应不受损坏,防止杂物落入机组内;空调机组安装就绪后未正式移交使用单位的情况下,空调机房应有专人看管保护,防止损坏、丢失零部件;若发生意外情况应马上报告有关部门领导,采取措施进行处理。

(4) 风机盘管和诱导器安装工程

风机盘管和诱导器运至现场后要采取措施,妥善保管,码放整齐,应有防雨、防雪措施;冬期施工时,风机盘管水压试验后必须随即将水排放干净,以防冻坏设备;风机盘管、诱导器安装施工要随运随装,与其他工种交叉作业时要注意成品保护,防止碰坏;立式安装风机盘管,安装完后要配合好土建安装保护罩,屋面喷浆前应采取防护措施,保护已安装好的设备,保证清洁。

(5) 消声器制作与安装工程

消声器应在平整无积水的场地上方整齐码放,下部垫木块,并有防水措施;成品应分类编号保管好,不得让雨、土、潮气侵蚀;消声器在运输装卸中轻拿轻放,以免破坏;消声器在安装前进行检查发现质量缺陷及时修复。

(6) 除尘器制作与安装工程

除尘器的成品要放在宽敞、干燥的地方排放整齐;除尘器搬运装卸应轻拿轻放,防止损坏成品。

(7) 通风机安装工程

整体安装的通风机,搬运和吊装的绳索不能捆绑在机壳和轴承盖的吊环上,与机壳边接触的绳索,在棱角处应垫好柔软的材料,防止磨损机壳及绳索被切断;解体安装的通风机,绳索捆绑不能损坏主轴、轴衬的表面和机壳、叶轮等部件;风机搬动时,不应将叶轮和齿轮轴直接放在地上滚动或移动;通风机的进排气管、阀件、调节装置应设有单独的支撑,各种管路与通风机连接时,法兰面应对中贴平,不应硬拉使设备受力,风机安装后,不应承受其他机件的重量。

(8) 制冷管道安装工程

管道预制加工、防腐、安装、试压等工序应紧密衔接,若施工有间断,应及时将敞开的管口封闭,以免进入杂物堵塞管子。吊装重物不得利用已安装好的管道作为吊点,也不得在管道上放脚手板踩蹬；安装用的管洞修补工作，必须在面层粉饰之前全部完成，粉饰工作结束后，墙、地面建筑成品不得碰坏；粉饰工程期间，必要时应设专人监护已安装完的管道、阀部件、仪表等，防止其他施工工序插入时碰坏成品。

(9) 制冷管道保温工程

保温材料应放在干燥处妥善保管，露天堆放应有防潮、防雪措施，防止挤压损伤变形；施工时要严格遵循先上后下、先里后外的施工原则，以确保施工完的保温层不被损坏；操作人员在施工中不得脚踏挤压或将工具放在已施工好的绝热层上；拆移脚手架时不得碰坏保温层，由于脚手架或其他因素影响，当时不能施工的地方应及时补好，不得遗漏；当与其他工种交叉作业时要注意共同保护好成品，已装好门窗的场所下班后应关窗锁门。

(10) 通风与空调系统调试

通风空调机房的门、窗必须严密，应设专人值班，非工作人员严禁入内，需要进入时，应由保卫部门发放通行工作证方可进入；风机、空调设备动力的开启、关闭，应配合电工操作；系统风量测试调整时，不应损坏风管保温层，调试完成后，应将测点截面处的保温层修复好，测孔应堵好，调节阀门固定好，划好标记以防变动；自动调节系统的自控仪表元件、控制盘箱等应做特殊保护措施，以防电气自控元件丢失及损坏；空调系统全部测试调整完毕后，及时办理交接手续，由使用单位运行启用，负责空调系统的成品保护。

7. 建筑电器照明安装工程

(1) 金属线槽配线安装工程

安装金属线槽及槽内配线时，应注意保持墙体的清洁；接、焊、包完成后，接线盒盖、线槽盖板应齐全平实，不得遗漏，导线不允许裸露在线槽之外，并防止损坏和污染线槽；配线完成后，不得再进行喷浆和刷油，以防止导线和电气器具受到污染；使用高凳时，注意防止碰坏建筑物的墙面及门窗等。

(2) 开关、插座安装工程

安装开关、插座时不得碰坏墙面，要保持墙面的清洁；开关、插座安装完毕后，不得再进行喷浆，以保持面板的清洁；其他工种施工时，不要碰坏和碰歪开关、插座。

(3) 配电箱(盘)安装工程

配电箱(盘)安装后，应采取保护措施，避免碰坏、弄脏电具、仪表；安装箱(盘)面板时(或贴脸)，应注意保持墙面整洁。

(4) 电话插座与组线箱安装工程

安装面板时，应注意保持墙面、地面的整洁，不得损伤和破坏墙面和地面；修补浆活，应注意保护已安装的面板，不得将其污染；地面插座应采用具有防水措施的出线口。

(5) 消防自动报警系统安装工程

安装探测器及手动报警器应注意保持吊顶、墙面的整洁，安装后应采取防尘和防潮措施，配有专用防尘罩的应及时安装，具有探测器防护盖的应在调试前上好，调试时再拧紧探头；端子箱安装完毕后应注意箱门上锁，保护箱体不被污染；柜(盘)除采用防尘和防潮等措施外，最好及时将房门上锁，防止设备损坏和丢失。

(6) 防雷及接地安装工程

接地体：其他工种在挖土方时，注意不要损坏接地体，安装接地体时，不得破坏散水和外墙装修，不得随意移动已经绑好的结构钢筋。

支架：剔洞时，不应损坏建筑物的结构，支架稳固后，不得碰撞松动。

防雷引下线明(暗)线敷设：安装保护管时，注意保护好土建结构及装修面，拆架子时还要磕碰引下线。

避雷网敷设：遇坡顶瓦屋面，在操作时应采取措施，以免踩坏屋面瓦，不得损坏外檐装修，避雷网敷设后，应避免砸碰。

避雷带或均压环：预甩扁铁或圆钢不宜超过 30cm。

避雷针：拆除脚手架时，不得磕碰及弄脏墙面，喷浆前，必须预先将接地干线用纸包扎好，拆除脚手架或搬运用物件时，不得碰坏接地干线。

接地干线安装：电气施工时，不得磕碰及弄脏墙面，喷浆前，必须预先将接地干线用纸包扎好,拆除脚手架或搬运用物件时,不得碰坏接地干线,焊接时注意保护墙面措施。

8. 建筑电器动力安装工程

(1) 电缆敷设

电缆敷设后立即铺砂、砖及回填夯实,并及时画出竣工图及敷设深度;室内敷设完毕后立即将盖板盖好;室内沿架桥或托盘敷设电缆易在管道及空调工程完工后进行;电缆两端头处的门窗装好加锁,防止丢失或损坏。

(2) 硬母线安装

绝缘瓷件保管好防止损坏,已完工的瓷件不得受力;已调平直母线半成品应保管好,不得乱放,安装完的应保护好,不得碰撞损坏。变电室需要二次喷浆时,用塑料布将母线盖好;母线安装处,门窗安装好后,加锁保护。

(3) 封闭插接母线安装

安装完毕后,暂不送电时,现场设置明显标志,以防损坏;安装完毕后,若有其他工种作业时,不得损坏封闭插接母线;成套配电柜及动力开关柜安装,设备进场后用塑料布盖好,绑扎牢固,防止日晒雨淋,设备运输不许倒立,防止元件损坏,安装完毕后,暂不运行时,门窗应封闭,设人看护,未经允许不得拆卸零件及仪表,以防损坏。

(4) 电动机及附属设备安装

机房应加锁,非工作人员不得入内;设备在室外安装时,应采取必要的保护措施,控制设备的箱、柜要加锁;电动机安装后,机房应干燥,防止锈蚀,并保持机房清洁;高压电动机安装调试中应设专人看护。

9. 电梯安装工程

(1) 样板安装及基准线放设

各层厅门防护栏保持良好,以免非工作人员随意出入;作业时防止物体坠落,避免砸坏样板;作业出入井道时,注意不碰厅门口线,井道内作业时,特别是电、气焊作业时,注意爱护基准线。

(2) 导轨支架和轩轨安装

导轨及其他附件在露天放置必须在防雨、防雪措施,设备的下面应垫起,以防受潮;运输导轨时不要碰撞地面,可用草袋或板等物保护,且要将导轨抬起运输,不可拖动或用滚杠滚动运输;当导轨较长,遇到往梯井内运输不便的情况时,可先用和导轨长短相似的方木代替导轨进行试验,找出最佳的运输方法,若必须要破坏结构时,要和土建、设计单位协商解决,决不可自行操作;当剔凿灯盒、按钮盒、导轨支架孔洞,剔出主钢筋或预埋件时,不要私自破坏,要找土建、设计单位等有关部门协商解决;在立导轨的过程中对已安装好的导轨支架要注意保护,不可碰撞。

(3) 对重安装

对重导靴安装后,应用旧布等物进行保护,以免尘渣进入靴衬中,影响使用寿命;施工中注意避免物体坠落,以防砸坏导靴;对重框架的运、吊装和装坨块的过程中,要格外小心,不要碰坏已装修的地面、墙面及导轨和其他设施,必要时要采取相应的保护措施。

(4) 轿厢安装

轿厢组件应放置于防雨、非潮湿处;轿厢组装完毕,应尽快挂好厅门,以免非工作人员随意出入;轿门、轿壁保护膜在交工前不要撕下,必要时再加保护层,如:薄木板、牛皮纸等;工作人员离开时锁好梯门。

(5) 厅门安装

门扇、门套有保护膜的要在竣工后才能把保护膜去掉;在施工过程中对厅门组件要注意保护,不可将其碰坏,保证表面平整光洁,无划伤痕迹;填充门套和墙之间的空隙要求有防止门套变形的措施。

(6) 机房机械设备安装

机房的机械设备在运输、保管和安装过程中,严禁受潮、碰撞;机房的门窗要齐全、牢固,机房要上锁;非工作人员不能随意进入机房,以防意外。

(7) 井道机械设备安装

要防止杂物从井道内坠落，以免砸伤已安装的电梯部件；对于补偿绳轮和油压缓冲器要有可靠的防尘措施，以免影响其功能。

(8) 钢丝绳安装

钢丝绳、绳头组件等在运输、保管及安装过程中，严禁有机械损伤；禁止在露天潮湿的地方放置；引绳表面应保持清洁不粘有杂物；使用电气焊时要注意不要损坏钢丝绳，不可将钢丝绳作导线使用。

(9) 电气装置安装

施工现场要有防护措施，以免设备被盗或破坏；机房、脚手架上的杂物、尘土要随时清除，以免坠落井道内砸伤设备影响电气设备功能；轿厢内操纵盘及所有的层楼指示、召唤按钮的面板要加强保护，防止损伤。

(10) 调整试验、试运行

电梯机房应由安装调试人员管理，其他人员不得随意进入；机房的门窗须齐全，门应加锁，并标有“机房重地、闲人免进”字样；机房需保证通风良好和保温，并保证没有雨雪侵入的可能；机房内应保持整洁、干燥、无烟尘及腐蚀性气体，不应放置与调试电梯无关的其他物品；每日工作完毕时，应将轿厢停在顶层，以防楼内跑水造成电梯故障；将操纵箱上开关全部断开，并将各层门关闭，锁梯后将主电源拉闸断电；电梯轿厢、层门、门套和召唤盒等可见部分的表面，应经常保持整洁，严禁擦伤损坏装潢表面。

4.3.3 施工现场文明安全施工管理

4.3.3.1 文明安全施工目标管理

创建文明安全工地必须执行目标管理。各地区建设主管部门均依据《建筑法》等法律、法规的要求制定有《建设工程施工现场文明安全施工管理暂行规定》和各专业管理的基本标准，明确要求了工地各专业文明安全管理要实现的目标。具体管理目标如下：

1. 无因工死亡、重伤和重大机械设备事故；
2. 无火灾事故；
3. 无重大违法犯罪案件；
4. 无严重污染、扰民；

5. 施工料具无浪费现象；

6. 无食物中毒和传染疾病；

7. 无重大质量事故；

8. 各项管理达标评分 90 分以上。

4.3.3.2 文明安全工地的组织管理

各企业文明安全工地必须建立相适应的组织管理体系。

1. 公司一级文明安全施工管理

(1) 公司应建立、健全文明安全施工管理的组织体系，一般由公司分管施工生产的领导负责，安全部或工程管理部为文明安全施工管理的主管部门，负责制定文明安全施工管理规划，明确创建文明安全工地的管理目标。

(2) 公司主管部门负责每月组织一次全公司所有施工现场文明安全施工大检查。

(3) 检查内容为：安全防护、临时用电、机械安全、保卫消防、现场管理、环境保护、料具管理、环卫卫生等方面。

(4) 每月由各评定管理部门及人员将各项检查评分表于当月递交主管部门，由主管部门汇总公布并存档，检查评分表如表 4-3 所示。

检查评分表　　　　**表 4-3**

序号	专　业	标准分值	检查分值	归口管理部门	备　注
1	安全防护	15 分		安全部门	
2	临时用电	10 分		安全部门	
3	机械安全	10 分		动力部门	
4	保卫消防	15 分		保卫部门	
5	现场管理	15 分		工程部门	
6	料具管理	15 分		物资部门	
7	环境保护	10 分		工程部门	
8	环卫卫生	10 分		生活部门	
汇总					

(5) 各专业归口管理部门负责指导项目管理中各专业的评分和内业资料的记录、收集、整理的管理工作。

(6) 各专业归口管理部门负责按项目管理规定标准进行不定期的检查、指导和下达整改通知单并跟踪复查工作。

2. 项目经理部文明安全施工管理

(1) 项目经理部应制定自己施工现场的文明安全施工管理规划,并明确创建文明安全工地的管理目标。

(2) 项目经理部应建立文明安全施工管理组织体系,明确专业责任分工的牵关部门,项目生产副经理牵头,由工程、技术、安全、机械、保卫、物资、生活等项目部门负责人、各分包负责人组成文明安全施工领导小组,开展并推进项目文明安全施工管理工作。

(3) 项目经理部应建立定期检查制度,由项目文明安全施工牵头部门组织相关人员一般每旬(周)进行一项检查,查出问题,由专业部门下达整改通知单,并将检查整改情况做好记录,一次检查一次评分,并将评定结果汇总存档,同时上报项目生产副经理,月底向公司上报月报表。

(4) 总承包的项目经理部应建立施工现场文明安全施工管理的区域负责责任制和严格的奖罚制度,预留保证金制度等管理措施。

4.3.4 施工现场文明施工专业管理的基本措施

4.3.4.1 施工现场规范场容管理的基本措施

规范场容管理的根本任务是对施工总平面布置图的具体贯彻和落实的动态管理过程和成果。其管理措施的基本要求如下:

1. 施工现场场容规范化应建立在施工平面图规划设计的科学合理化、物料器具定置管理标准化和企业 CI 形象设计规范化的基础之上。承包人应根据本企业的现场综合管理水平,建立和健全施工平面图的设计标准、临设工程建造标准、物料器具定置管理标准,为项目经理部提供施工现场规范场容管理策划编制的依据。

2. 施工项目经理部必须结合施工现场条件,按照施工技术方案、组织方案和进度计划的要求,认真细致地进行施工平面图的规划、设计、布置、使用、调整的全过程动态管理。

一般情况下施工平面图应按指定的施工用地范围和布置的内容,分为工地性施工总平面图和单位工程施工平面图,分别进行布置和管理。单位工程施工平面图还应根据不同施工阶段的需要,分别设计成基础、主体、装修阶段施工平面图,并在阶段性进度节点目标开始实施前,通过施工现场协调会确认实施。

3. 项目经理部应严格按照已审批的施工平面图和CI形象策划的位置和标准进行布置、落实。包括:施工项目的所有机械设备,脚手架,模具,施工临时道路、供电、供气、供水、排水等管道或线路,施工材料制品堆场及仓库,土方及建筑垃圾,变更电闸,消防管线及消水栓,门卫室,现场办公,生产及生活临时设施等。

4. 施工物料器具除应按施工平面图制定位置就位布置外,还应根据不同特点和性质,规范其布置方式和要求,包括:执行码放整齐、限宽限高、上架入箱、规格分类、挂牌标志等管理标准。

5. 要求施工现场四边设置临时围墙和大门设施,实行封闭式管理,建筑物亦应在四边挂密目防尘网封闭,用以安全防护和防尘。工程临街脚手架、高压电缆供电线路、起重机把杆回转半径伸至街道、人行道的均应设置安全隔离棚。施工现场内危险品库附近应设置明显标志及围档措施。

6. 施工现场应布设通畅的车辆运输道路并满足消防通道的防火要求,道路应硬化处理,场地和道路应设置排水沟、渠系统,保证场地不积水、不积泥浆,道路保持干燥,有条件时场地应作硬化处理。

7. 施工现场应在主入口大门外明显处设置规定统一样式的施工标牌。标牌内容包括:工程名称、建筑面积、建设单位、设计单位、监理单位、施工单位、工地负责人、开工日期、竣工日期等。特大型工程现场,除根据现场的实际情况,统一设置施工标牌外,还应在现场内分区设置施工标牌,以方便各类人员熟悉现场施工情况。施工标牌要符合规定的标准尺寸、书写规格和挂设高度。

8. 施工现场主入口大门内侧必须设置“一图二牌三板”。即:施工平面布置图(布置合理与现场实际相符合,基础、主体、装修、装饰各阶段);安全计数牌(从开工之日起计算,以日历天数计算),施工现场管理体系牌(施工现场负责人、安全防护、临时用电、机械安全、消防保护、现场管理、料具管理、环境保护、环卫卫生、质量管理、劳务管理业务负责人的组织体系);安全生产管理制度板,消防保卫管理制度板和文明施工管理制度板,将管理制度和措施公布大众。

9. 施工现场作业环境和需提醒的区域或部位,要按安全生产和消防管理要求牢固悬挂,诸如:禁止吸烟、禁止攀登、防止坠物、严禁合闸、机械伤手等标准的警示牌和标语。

10. 总承包的施工现场要划分现场管理责任区。总包项目经理部对施工现场各责任区的管理负全面责任,对分包单位现场管理责任区的管理情况进行综合考评,制定相应的管理计划、管理制度,并负责监督检查。

4.3.4.2 施工现场环境保护管理基本措施

随着全社会文明程度的不断提高,环境保护工作越来越被人们重视,不管是政府部门还是企业主管部门都相应的成立了环境保护组织机构,国家把环境保护工作也列为一项基本国策,出台了一系列环境保护的方针、政策、法规、法令,并设立了专业的环保监督检查机构。因此,做好环境保护工作是建筑施工企业一项非常重要的课题。为此,必须要从施工现场的环境保护管理入手,治理大气污染、水污染、噪声污染、固体物污染等各项污染,以确保基本国策的顺利实施。

1. 施工现场防大气污染措施

(1) 高层或多层建筑清理施工垃圾,应使用封闭的专用垃圾道或采用容器吊运,严禁随意凌空抛撒造成污染。施工垃圾要随时清运,清运时,随时洒水减少扬尘。

(2) 建设工程在施工准备工作中做好施工道路堆场的规划和设置,并进行硬化处理。可利用设计中的永久性道路,也可设置临时施工道路,基层要坚实,面层要硬化,以减少扬尘。使用中要随时洒水,损坏的面层要随时修复,保持完好,以防止浮土产生。

(3) 在规划市区、郊区、城镇和居民稠密区、风景旅游区、疗养区及国家规定的文物保护区内施工时，施工现场要制定洒水降尘制度，配备专用洒水设备并专人负责洒水和清理浮土，在易产生扬尘的季节，施工道路和场地应洒水降尘。

(4) 散水泥和其他易飞扬的颗粒散体材料应尽量安排库内存放，若露天存放要防潮和严密遮盖，运输和装卸时要防止遗撒飞扬，以减少扬尘。

(5) 旧建筑物等拆除作业时，应配合洒水，以减少扬尘污染。

(6) 生石灰的熟化、和灰大施工时必须适当配合洒水，杜绝扬尘。

(7) 混凝土施工要尽量使用商品混凝土，施工现场必须搭设的搅拌设备，必须搭设封闭或围档并设置喷淋除尘装置(如:JW-1型搅拌机雾化器)方可进行施工。

(8) 防水施工应采用冷油聚氨酯，现场不熬制沥青，减少空气污染，必须熬制沥青时，应使用密闭并有烟尘处理装置的加热设备。

(9) 冬期施工的保温材料，应采用新的防火型保温材料，不使用岩棉被，防止岩棉扬尘。

(10) 施工中选用的原材料和化工制品，要选择新型绿色环保型材料，以防止有毒、有害气体释放污染大气环境。

(11) 施工现场临时采暖锅炉和茶炉等，要使用清洁燃料，并加装消烟、除尘设备。食堂大灶的烟囱要加装消烟、除尘设备，加二次燃烧或烧型煤。

(12) 城市和郊区城镇的施工现场，应自行对茶炉、大灶、锅炉等的烟尘浓度图进行观测，并检查和抽查。

2. 施工现场防止水污染措施

(1) 搅拌设备废水排放要实行控制。凡在施工现场进行搅拌作业的，必须在搅拌机前台及运输车辆清洗处设置沉淀池。排放的废水要排入沉淀池内，经二次沉淀后，方可排入市政污水管线或回收用于洒水降尘，未经处理的泥浆水，严禁直接排入市政污水管线。

(2) 施工现场水石作业产生的污水,禁止随地排放。作业时要严格控制污水流向,排入合理位置设置的沉淀池,经沉淀后方可排入市政污水管线。

(3) 焊接作业乙炔发生罐的污水排放要控制。施工现场由于气焊作业使用乙炔发生罐而产生的污水,严禁随地倾倒,要求用专用容器集中存放,污水倒入沉淀池处理,以免污染水资源环境。

(4) 施工现场临时食堂的污水排放控制,要设置简易有效的隔油池。食堂产生的污水经下水管道排放要经过隔油池。平时要加强管理,定期掏油,防止污染。

(5) 施工现场要设置专用的油化油料库,油库内严禁放置其他物资,库房地面和墙面要做防渗漏的特殊处理,储存、使用和保管要专人负责,防止油料的跑、冒、漏,污染水体。

(6) 禁止将有毒有害的废弃物用作土方回填,以免污染地下水和环境。

3. 施工现场防噪声污染扰民措施

(1) 施工现场应遵守《建筑施工场界限值》(GB 12523—90)规定的降噪限值,制定降噪制度和措施,以防扰民。建筑施工场界噪声限值,如表 4-4 所示。

建筑施工场界噪声限值 表 4-4

施工阶段	主要噪声源	噪声限值(dB)	
		昼间	夜间
土石方	推土机、控机、装载机等	75	55
打桩	各种打桩机等	85	禁止施工
结构	混凝土搅拌机、振捣棒、电锯等	70	55
装修	吊车、升降机等	65	55

(2) 提倡文明施工,建立健全控制人为噪声的管理制度,施工和生活中不准大声喧哗,增强全体施工人员防噪声扰民的自觉意识。

(3) 施工操作过程中要尽量减少因人为因素产生的噪声,如:易发强噪声的材料装卸,应采用人扛和吊运,堆放不发生大的声响;工地机械的鸣笛装置,换用低音喇叭;禁止人为有意敲打钢铁制品等。

(4) 生产加工过程产生强噪声的成品、半成品的制作加工作业,应尽量放在工厂、车间中完成,减少现场加工制作产生的噪声。

(5) 施工过程中应尽量选用低噪声的或有消声降噪装置的施工机械,施工现场的强噪声机械(搅拌机、电锯、电锤、砂轮机等)要设置封闭的机械棚,隔声和防止强噪声扩散。

(6) 结构施工中混凝土的振捣作业,要积极推广使用免振捣自密实混凝土、低频振捣器和设建隔声屏等"四新"应用,科学有效地降低施工噪声。

(7) 凡在居民稠密区进行噪声作业的,必须严格控制作业时间,一般晚22时至早6时不得作业,特殊情况需连续作业,应按规定办理夜间施工许可证,并应尽量采取降噪措施,配合建设单位,事先做好周围群众的工作,并报所在地环保部门备案后方可施工。

(8) 加强施工现场环境噪声的长期监测,采取专人、专测、专查的原则,并依据监测结果填写噪声测量记录,凡超过控制标准的,要及时调整噪声超标的有关因素,达到施工噪声不扰民的目的。噪声测量记录,如表4-5所示。

建筑施工场界噪声测量记录　　**表4-5**

年　月　日

工地名称		地　点		时　分至　时　分
测量仪器型号		气象条件		测量人:
测　点			等效连续A级	
建筑施工场地示意图施工场地及其边界线测点位置				
备　注				

4. 施工现场防固体物污染措施

(1) 施工现场运输车辆不得超量运载。运载工程土方装载最高点不得超过车辆槽梆上沿 50cm,边缘低于车辆槽梆上沿 10cm,并采取有效措施封挡严密,杜绝遗撒污染道路。

(2) 施工现场应设专人管理出入车辆的物料运输,防止遗撒。土方开挖过程中的运土车驶出现场前必须将土方拍实,将车辆槽梆和车轮冲洗干净,严防泥土上路污染正式道路和遗撒现象发生。

(3) 施工现场清运建筑渣土和其他散装材料时,装车不得过满,应低于车辆槽梆上沿 15cm,并用苫布严密封盖,防止上正式道路运输中产生扬尘和造成遗撒污染。

(4) 施工现场建筑渣土和生活垃圾的清运消纳,一般应由环卫管理部门批准的单位承担,若要自行组织运输消纳时,要求运输车辆符合规定标准和办理垃圾消纳批准手续。

4.3.4.3 施工现场保卫消防管理基本措施

施工现场的保卫消防管理工作,主要包括治安保卫、消防安全和交通管理三项内容。总承包的施工企业应依据政府法规和规定要求,在施工现场设立保安部的管理机构,采取有效措施,积极预防,消除隐患,减少事故,保障国家财产和人力安全。

1. 施工现场治安保卫管理措施

(1) 健全组织机构,形成系统化管理体系。总承包单位要选派政治素质好、业务水平精、政策水平高、工作能力强的持证人员,组成现场保卫部,设治安、消防、交通安全专业人员,全面负责现场保卫工作,分包单位也应按照系统设置相应机构和配齐保卫人员,建立系统管理工作网络。

(2) 全面掌握情况制订管理方案

要求全面掌握施工现场施工组织设计中的工程概况,总平面布置,现场围挡,劳动力配置及来源,消防设计审批意见,材料中易燃、易爆物资品种数量,消防、治安、交管等属地管理情况的基础上制订《保卫工作方案》。主要内容包括:工程概况;保卫工作机构、人员、护场警卫组织、治保会、安委会、消防组织;现场要害及重点防火部位管理办法;建立的各项管理制度及措施;奖罚制度等(重点工程方案要报公安局、消防局等)。并据此在各阶段施工中分别编制《实施方案》或《细则》。主动和公安、消防、交管的政府部门联系沟通,通报情况,获得帮助与支持。

(3) 建立健全各项规章制度

出入证办理、使用与管理规定;入场教育制度;治安保卫、消防安全、交通安全管理规定;施工现场、库区、生活区和重点部位门卫、巡逻规定;要害、贵重物资及财会部门的防盗管理规定;现场各方保卫工作协调会议制度;携带物品出场管理规定;严格控制易燃、易爆物品进场、存放、使用规定;成品保护分区、分级、分类防火、防盗、防破坏规定;实行焊工"操作证"登记和申领"用火证"管理规定;施工现场电气焊等用电、用火安全管理规定;工程由临时设施用电、防火管理规定等。

(4) 签订治安、消防、交管协议书,交纳违约押金

施工现场必须按照"谁主管,谁负责"、"谁施工,谁负责"的原则,与所有参加施工的劳务队、分包单位和责任部门签订《工程治安、消防、交管协议书》,并签收议定的违约押金,报送建设、监理单位监督。

(5) 严格执行护卫制度措施

施工现场围墙和大门要严格按标准设置,并始终保持封闭;施工现场和仓库区出入口实行警卫护场,现场财务室装防盗门窗和报警装置;门卫与巡逻随着工程的进度,要及时调整哨位与看护目标,人员不足要及时增加护卫力量;全体人员必须凭胸卡证件出入现场,证件由总承包统一制作发放;携带物品及运输物料出场,严格检查,验证手续后放行;重大节日、重大活动前要突出教育,加强检查,制定预和防范措施。

(6) 组织定期检查,消除隐患

检查的范围:现场的治安秩序,各项制度与措施的落实,存在的隐患及漏防情况,消防设备、器材的效力等情况。

检查的方式:采取专检和群检相结合的组织方式进行定期或不定期的全面检查、抽查、夜查、专项检查,发现问题和消防隐患,检查时要做好记录。记录参照表4-6。

消防、治安检查违章登记 表4-6

序号	年月日	楼层	单位	姓名	工种	作业项目	违章事项	工作证号	处理结果	记录人	备注

查出的问题要分轻重缓急发出整改通知。严重违章，当场进行纠正和处理；重大隐患，要限期消除，消防(治安)安全检查通知，如表4-7所示。一般问题，限期整改，对查出问题多次督促不改或顶着不办的，实行罚款处理。整改通知，如表4-8所示。

消防(治安)安全检查通知 表4-7

第　号

被查单位		年　月　日
检查部位		
发现的不安全问题：		
解决意见及措施： 检查人：		
单位负责人意见： 被查单位负责人：		

重大隐患紧急整改通知 表4-8

第　号

年　月　日时检查你单位时，发现 已成为　　的重大隐患，限你们　年　月　日时整改完，并将整改结果反馈。 检查人：　　年　月　日

坚持执行整改的反馈制度。重大隐患整改要进行复查，彻底消除，不留隐患。通知反馈可参照表4-9。

治安(消防)隐患整改情况反馈表　　表4-9

单　位		填表人		审核人	
根据你们　　年　月　日来单位检查时，查出的　　条安全问题，我们组织整改落实结果如下： 单位 年　月　日					

(7) 及时处理现场治安问题

严格按政策办事，正确及时处理。若事件构成条件的，及时报上级业务主管部门和当地治安、消防、交管部门处置。

对于发生一般性斗殴或纠纷，分清主次责任分别处理。处理要实事求是、公正合理，最终写出裁决文书，双方签字认可。

对于发生的小偷小摸等不良行为的，重点加强教育并对单位和责任人酌情处罚。

(8) 结合需要进行成品保护

施工现场在机电安装、调试、精装修阶段，保护成品免遭损坏和损失，尤为重要。保卫工作责任有：一要加强宣传教育，提高施工人员爱护国家财产和守法意识，做到警钟长鸣；二要严格警卫制度，实行携带物品出场、出楼凭证登记制度；三要组建成品护卫队伍，视工程进度，对各类机房、强弱电、通讯、发射接收、广播电视、监控室、交换站等重要部位，及时设保卫人员，防盗窃、防破坏，或加装临时性监控装置，确保安全。

(9) 保卫工作的奖励与处罚

建筑施工企业，为提高保卫工作组织和保卫人员的工作效率，调动他们的积极性，要积极开展单位与单位之间、个人与个人之间、项目与项目之间的“流动红旗”竞争评比奖励工作，对有突出贡献和显著成绩的实行奖励。同时,把治安保卫、消防、交通安全作为企业组织劳动竞争的重要内容,抓紧抓好,坚持以月、季度、年、项目施工同期进行总结评比,表彰先进。对发生案件、事故和火灾的单位、项目、人员及时给予严厉的处罚。

(10) 办好工程交接,做好退场工作

施工项目、施工现场的保卫安全工作要随着工程的竣工验收移交过程进行交接。交接要遵循"竣工一项交一项"的原则。工程移交时,要办理《工程治安保卫、消防安全交接协议书》,向建设单位正式移交。双方负责人在协议书上签字盖章生效,并报企业上级、属地公安局、消防局备案。

抓好收尾期内的退场工作,及时整理资料搞好工程保卫工作总结;收回"协议书"、"工作证"、"车证"等,退还押金;配合建设方做好试用期间的保驾护航工作等。

2. 施工现场消防安全管理措施

(1) 成立防火领导小组,义务消防队

施工现场必须按规定要求在保卫部组织下成立防火领导小组,成立义务消防队并制定该工程项目施工现场防火工作预案。

(2) 申办属地管辖范围消防局核发的《消防安全施工许可证》。要按各地区《消防条例》规定:工程开工前必须办理《消防安全许可证》方可开工。

申办审核手续上报的资料有:工程施工组织设计;施工现场平面布置图及消防设施、器具平面图;保卫工作方案、灭火预案;保卫消防机构、现场保卫组织成员、警卫护场人员、义务消防队人员名单;负责人姓名、职务、地址、联系电话等。施工现场建设方、直接分包的单位申办此证后,总包方准许进场施工。

(3) 布设消防设备,配足灭火器材

开工前要根据平面布置、施工面积、高度、施工方法等,按照有效半径 25m 的规定,设计布置工程周围消火栓和工程内消防竖管。消防水源干管 $\phi100$,形成环状;竖管 $\phi75$,每层设 $\phi50\sim\phi65$。操作面上 $100m^2:1$,重点部位 $10m^2:1$ 配备轻便灭火器材,定期检修,保持灵敏有效。

(4) 加强防火宣传教育,积极培训义务消防队

要通过不断组织的宣传教育活动把防火安全观念深入人心,使现场成员提高防火意识,组织形式多样的如:消防知识竞赛、防火安全演讲、灭火演习、消防运动会等活动,使人人掌握消防知识和起火时的灭火知识。

(5) 落实制度措施,加强动态管理

1) 要加强特殊工种管理。审查登记电气焊工"操作证",杜绝无证操作,凡电气焊或明火作业者,不管是何地区办理的"操作证",一律须现场保卫登记审查认可后,方能现场作业。

2) 要严格"用火证"管理,实行旧证回收制度。即"一次一天一证"的办理,第二次办"用火证"时,交回头天的旧证。

3) 要加强用火检查,禁止违章。对于明火作业每日都要巡查,查是否有"焊工操作证"与"用火证";查"用火证"与用火地点、时间、用火人、作业对象是否相符;查有无灭火用具措施;查油漆操作是否符合防火安全规定;查电气操作是否符合安全规定等。

4) 要把好易燃易爆物品进场关。特别是当工程进入装修装饰阶段,大量油漆、稀料、酒精、胶类等易燃易爆、化学危险物资进入现场,进场必须采取申报制,仓库地点要远离现场,使用时仅限当天用量,剩余要带回入库,不准在工程现场过夜等。进场申报表可参照表4-10。

公司易燃易爆材料进场申报表　　表4-10

材料名称		规　格	单　位	包　装	数　量
进场时间					
经办人		保管人		使用人	
存放部位					
防盗措施					
用途部位					

续表

材料名称			规格	单位	包装	数量
消防措施	使用中					
	存放中					
总包意见						
保卫备案						

填报人: 年 月 日

5) 施工现场严禁吸烟。建筑工程内不准设置库房、住人、办公、用做明火作业加工用房。若特别需要时,必须提出方案和采取强有力的防火措施报属地管辖区内的消防局审批,方可设置。

6) 生活区规划应留有符合规定的消防间距和消防通道,每栋房要留两个安全门出入,室内用电、取暖要符合防火规定。

7) 及时处理各种违章。一般违章行为,以教育为主,罚款辅助;无证操作或搞伪冒伪证、危险性作业,以及屡教不改等严重违章实行重罚,直至清理出场;造成重大灾害的由消防部门现场调查、处理。

8) 随时积累各项管理资料,健全防火档案。

3. 施工现场交通安全管理措施

总承包施工的大型建筑工程的施工现场工程规模大,施工工期长,投入人力、物资和设备很多,流动频繁,交通运输保障工作能否满足在城市建设中施工生产的需要,给交通安全工作增加了很大的难度,同时给施工现场交通安全管理工作提出了更高的要求,必须加强管理。

(1) 总承包施工现场的保卫部门和交通安全专职负责人要主动进行施工工地实地专访,会同建设单位、工程安全、行政等部门查访工程,并向属地政府、交管部门等汇报工程情况,就交通安全易发生的问题和管理规定等,与地方有关单位建立起工作关系,取得理解和支持。

(2) 总承包的施工现场要成立交通安全管理机构。一般由建设方、总承包方牵头，当地公安交通机关参加，组成统一的领导小组，负责统一、协调工作。所有参与施工的分包单位，都必须相应成立领导小组，配备专兼职交通安全管理人员，具体实施日常管理工作。

(3) 制定该工程施工现场交通安全管理制度，在工程施工初期编制交通安全工作方案，并随着施工生产动态变化的需要，制定相应的安全措施，与施工生产进展做到“五同时”管理。

(4) 坚持用各种形式开展交通安全法规教育，自觉遵守交通安全管理规定，人人自觉维护交通秩序。做好车辆上路无违章、无事故，人员上路不违章，不发生道路遗撒被查处、曝光的违章行为。新入场的施工人员要进行教育和交通安全法规的考核。

(5) 加强对施工现场全部的车辆管理。施工现场的施工用车、生活用车、办公用车，要制作统一的现场出入通行证或标志，实行凭证出入制度；对驾驶员和车辆，要造册登记备案，方便管理；大型土方工程或混凝土浇灌施工时，要预先制定运输方案和交通安全措施，据实向交通沿线交管部门报告，请求帮助协调和在沿途重要路段指挥、维护秩序，确保安全。

(6) 加强对驾驶员的管理，全部驾驶员除了要严格遵守道路交通法规和交管部门的规章制度外，要严格要求，在行车时做到“八不”，即：不酒后开车；不强行超车；不把车交给非司机驾驶；不开斗气车；不开疲劳车；不带故障行车；不超速行驶；不打手提电话或查看寻呼机，养成良好的驾驶作风。

(7) 加强对机动车辆的管理。凡在施工现场参加施工的所有车辆，包括小车、货车、班车、叉车、吊车、装备车、机动小反斗等，必须要求车辆拥有单位保持车况良好，各种装置、技术性能符合要求，并对车辆进行维护保养，确保车辆安全性能有效。

(8) 要签订交通安全责任书，齐抓共管，责任到人。重点对被管理的单位和驾驶员个人签订交通安全责任书，一般施工人员签订遵守交通安全保证书，并与奖罚制度结合监督执行和检查。

4.3.4.4　施工现场环卫卫生管理基本措施

施工现场环卫卫生管理工作牵扯面广，搞的不好，影响很大，甚至造成疫情，发生重大经济损失。因此，必须作为文明施工管理中一个重要内容去抓、去落实，使之逐步走上科学化、规范化的管理。

1. 施工现场环境卫生管理措施

(1) 施工现场要设医务室或专职卫生管理人员，负责卫生防疫工作，明确卫生保洁员，每天必须清扫现场，大门外实行“三包”，保持整洁卫生，场地平整，道路畅通，做到无积水泥泞，无垃圾等浮尘。

(2) 施工现场内严禁大小便，发现有随地大小便者要对卫生责任区负责人和违者进行处罚，责任区有明确划分，设立标志牌，注明负责人。

(3) 施工现场零散材料和垃圾要及时清理，垃圾要分类堆放于指定堆场或容器内，每天清运，临时存放时间不得过长。

(4) 施工现场办公室内要天天打扫，建立轮流值班清扫制度，保持整洁卫生，做到窗明地净，办公台文具摆放整齐。

(5) 施工现场内职工宿舍铺上、床下做到整洁有序，室内应设置储物柜、餐具洗漱用品柜和鞋架等。室内和室外四周环境要保持干净，污水和污物、生活垃圾集中容器堆放并及时外运。

(6) 施工现场食堂必须办理卫生许可证，炊具常洗常刷，生熟食品分开存放，食物保管无腐烂变质。炊事人员必须办理健康证，操作穿卫生衣、帽。保持清洁，做到无蝇、无鼠、无蛛网。

(7) 施工现场厕所，要离开食堂 30m 外，按卫生达标标准建造，做到有顶，门窗齐全并有纱，每天清扫，采取水冲及加盖措施，定期打药或撒白灰，消灭蝇蛆。定期按地方要求做打药防疫。高层建筑内应设流动厕所，每天清理干净。

(8) 施工现场宿舍和办公室冬季取暖时，预防煤气中毒设施必须齐全有效，建立验收合格证制度，合格后方准使用。

(9) 施工现场供应开水、饮水器具要干净卫生，公用饮水器要有消毒措施，夏季确保凉开水或清凉饮料供应，暑伏天可增加绿豆汤，防止中暑脱水现象发生。

(10) 施工现场若发生传染病和食物中毒时,要及时向卫生防疫和行政主管部门报告,并立即采取措施防止传染病传播和扩散。

2. 施工现场食堂卫生管理措施

(1) 食品卫生:采购外地食品必须向供货单位索取卫生监督机构开具的检验合格证,认为必要时,可请求复检。采购食品的运输车辆,容器要清洁卫生,生熟分开,并有防污染措施:不得采购腐烂变质、霉变、生虫、有异味的过期食品。食品贮存要设专库、生熟分开,不得接触有毒物、不洁物,特别注意不接触冬期施工防冻附加剂等有毒有害物。食品贮存要隔墙、离地、做到通风、防潮、防虫、防鼠,有条件时应设冷藏设备。贮存调料的容器要物见本色,加盖存放。

(2) 制售卫生:制作食品的原料要新鲜卫生,各种食品烧熟煮透。坚决做到不用、不售腐烂变质的食品,以防食物中毒。制售过程中的刀、墩、菜板、盒、筐、水池、抹布和冰箱等器具要严格生熟分开,要用工具售卖直接入口食品,使用饭票要经常消毒。生吃蔬菜要彻底洗净消毒,剩饭、菜要回锅加热再食用,发现变质不得食用。公共使用的食具要用前洗净消毒,应备洗手和餐具洗涤消毒设备。

(3) 个人卫生:炊管人员每年做一次健康检查,领取健康证,方可上岗。凡患有传染病者,一律不得参加和接触食堂工作。炊管人员操作时必须穿工作服、发帽,并保持清洁卫生,不赤脚、光背、随地吐痰吸烟。炊管人员必须做好个人卫生,做到“四勤”:勤理发、勤洗澡、勤换衣、勤剪指甲。

(4) 办理健康证和食堂卫生许可证:施工现场每一个设立的食堂开伙前,必须按当地规定的所管辖机构报申请书初审,初审合格现场实地核查验收,符合标准发给许可证,发证后开伙。炊管人员上岗必须持有有效的健康合格证上岗,新上岗人员,必须事先到属地管辖机构接受健康检查,核发健康合格证后方能上岗。

4.3.5　施工现场的综合协调管理

施工项目在实施过程中由于受到各种客观因素及人为因素的影响,而需要大量的协调工作。能否按既定目标建设好一个项目,积极主动的搞好协调管理至关重要。施工现场的协调管理应以排除障碍、解决矛盾、保证项目目标顺利实现为目的,应以"业主就是上帝,严格信守合同,利于工程建设,充分协商一致,遵守法律法规"为原则。

4.3.5.1 项目经理部内部关系的协调

1. 内部人际关系的协调应依靠认真执行各种规章制度,充分发挥政治思想工作的作用,辅以功过分明的经济奖惩、行政奖罚的管理措施,调动主观能动性。

2. 内部各科室关系的协调应依靠各项岗位责任制中规定的工作程序和工作流程做好管理工作。协调好各岗位之间的信息沟通和服务配合。

3. 内部供求关系的协调应依靠全面计划管理方法,认真做好各生产要素需求计划的编制、平衡调度。在计划的执行动态管理过程中,要适时调整、调配,对双方关系进行协调,一切以满足各生产要素施工现场的需要为原则。

4.3.5.2 项目管理层和操作层关系的协调

在施工现场处理分包关系时,项目既要有统一的目标、统一的管理、统一的计划、统一的对外真正起到总包的责任;另一方面要做到为分包服务,为他们创造生产和生活条件。在协调处理双方矛盾时,主要依靠双方签订的合同。正确处理经济、监督与服务并重的三大关系,并保证分包合法的利益。

4.3.5.3 施工现场调度协调

1. 施工现场调度协调是指在施工过程中,对正在进行实施工程的施工技术方案、施工组织以及建筑工人的实际操作,对出现的各种问题和预防可能发生的问题,及时落实解决。即对施工的生产过程进行调节、调整、补充和修正工作。现场的调度要迅速及时发现问题、处理问题及时,果断当机立断,不使事态扩大,不造成更大损失。

2. 施工现场调度协调的内容

(1) 施工准备阶段:现场调度协调要考虑设计与施工、室内与室外准备、土建工程与专业工程准备、施工现场与预测加工准备、全场性准备与阶段性准备的“五个”相结合，及时、不断地调度，加快准备工作步伐。

(2) 施工执行过程中：依据施工过程中的检查发现是否满足工期要求，是否出现劳动力、机械和材料需用量有较大的不平衡现象；施工程序和施工顺序、平行和立体交叉施工、流水作业和技术间歇是否合理等。针对主要矛盾采取有效措施，以满足工期要求和均衡施工的修订、调整和调配的调度协调工作。

(3) 还有现场平面管理、现场技术、质量、安全管理施工中发现问题时的调整、修订和补充综合管理工作的调度。

3. 施工现场调度协调的手段：主要有书面指示，包括各种指令性通知、会议通知、修改进度计划指示、下达施工任务单、技术签证、下达有关规定的指示等。工地会议包括业主例会、监理例会、生产调度例会、交底会和日碰头会以及重要的质量、技术、安全、管理专题会议。日常和定期的以及专业的检查工作。口头指示，它主要是对一般性的、常识性的要求由工长对班组进行口头交底和纠正操作过程发生的问题时口头指示。文件传运，即运用发放书面文件和会议记要的方式将调度协调的要求送发执行人执行。

5 竣工验收管理

竣工验收阶段应从什么时间开始,实际上并没有一个严格的标准和界限。许多有经验的施工管理人员和施工管理工程师,在实际施工管理工作中,都把收尾和竣工作为一项单独工作来进行。在一些大型或复杂的建筑工程施工中,还拟订收尾竣工工作计划,制定出各种保证这一计划顺利实现的措施,乃至详细地列出工作日程和督促检查工作的重点,并把工作落实到人。其时间上限要按工程的具体情况而定,一般是在装修工程接近结束之时,工程规模较大或施工工艺较复杂的工程,往往从进入装修工程的后期,即已开始了竣工收尾和各项竣工验收的准备工作。

这个阶段工作的特点是:大量的施工任务已经完成,小的修补任务却十分零碎、繁多;在人力和物力方面,主要力量已经开始流动和转移,只保留较少的力量进行工程扫尾和清理;在业务和技术人员方面,施工技术指导工作已经不多,却有大量的资料综合、整理工作要做。因此,在这个阶段,必须首先把各项收尾、竣工准备和善后工作认真而细致地抓好,否则,将会影响竣工质量验收和完不成合同规定的竣工目标。

5.1 竣工验收的准备工作

在项目竣工验收之前,施工单位要按照合同条款规定和建设方的要求,积极配合监理单位做好下列竣工验收的准备工作。

5.1.1 完成收尾工程

收尾工程特点是零星分散、工程量小,做好收尾工程,必须摸清收尾工程项目,通过竣工前的预检,组织一次彻底的清查,严格按设计图纸和合同要求，逐一对照，找出遗留的尾项和质量需修补的项目，制定收尾作业计划并进行施工。重点抓好以下工作：

5.1.1.1　检查监督，按计划完成收尾

总承包项目经理部要组织责任工程师和分包方有关人员逐层、逐段、逐部位、逐房间地进行查项、查质量，检查施工中的丢项、漏项和质量缺陷等需修补的问题，安排作业计划，采取“三定”（定人、定量、定时间）措施，并在收尾过程中按期进行检查，确保按计划完成收尾。

5.1.1.2　保护成品和进行封闭

对已经全部完成的部位或查项后修补完成的部位，要求立即组织清理，保护好成品，依可能和需要，按房间和层数锁门封闭，严禁无关人员进入，防止损坏和丢失零部件。尤其是高标准、高级装修的建筑工程，每一个房间的装修和设备安装一旦完毕，就要立即严加封闭，乃至派专人逐段加以看管。

5.1.1.3　及时组织管线系统负荷试验

在收尾阶段，要及时穿插组织电气线路、消防、上下水、空调等各种管线安装系统交工前检查。电气工程做全负荷试验并组织电气安检；消防系统要做自检联动消检；上下水要做系统通、排水试验；空调要作系统启动调试等。发现问题应及时修复。

5.1.1.4　单体试车和联动试车

有生产工艺设备的工程项目，在竣工准备阶段要组织进行设备安装完成后的单体试车、无负荷联动试车和有负荷联动试车并验收。

5.1.1.5　临设拆除和清理回收

要及时、有计划地拆除施工现场的各种临时设施和暂设工程，拆除各种临时管线，全面清理、整理施工现场，有步骤地组织材料、工具及各种物资的回收、退库，向其他施工现场转移和进行处理工作。将施工现场各类垃圾和杂物清运干净。

5.1.1.6　组织竣工清理

建筑工程竣工标准有明确要求，要做到交工时“窗明、地净、水通、灯亮、达到使用功能”。因此,在竣工验收准备阶段要组织一次大规模的竣工前清理。重点清理门窗、地面、踢脚、灯饰及开关、露明管线及阀件、卫生间卫生器具及墙体面层、排除渗漏和疏通排水等。目前,在市场经济条件下,施工单位在竣工验收前或使用方入住前,大多雇请保洁公司的专业保洁人员承担这项竣工前的最后一次清理工作。

5.1.2 竣工验收资料的准备

竣工验收资料和文件是工程项目竣工验收的重要依据,从施工开始就应设专职人员完整地积累和保管,竣工验收时应该编目建档。

5.1.2.1 组织绘制竣工图

竣工图是真实地记录建筑工程情况的重要技术资料,是建筑工程进行交工验收、维护修理、改建扩建的主要依据,是工程使用单位长期保存的技术档案,也是国家的重要技术档案。因此,竣工图必须做到准确、完整、真实,必须符合长期保存的归档要求。

对竣工图的绘制主要有以下四种情况:

第一种情况:在施工过程中未发生设计变更,按图施工的建筑工程,可在原施工图纸(须是新图纸)上注明“竣工图”标志,即可作为竣工图使用。

第二种情况:在施工中虽然有一般性的设计变更,但没有较大的结构性的或重要管线等方面的设计变更,而且可以在原施工图纸上修改或补充的,也可以不再绘制新图纸,可由施工单位在原施工图纸(须是新图纸)上,清楚地注明修改后的实际情况,并附以设计变更通知书、设计变更记录及施工说明,然后,注明“竣工图”标志,即可作为竣工图使用。

第三种情况:建筑工程的结构形式、标高、施工工艺、平面布置等有重大变更,原施工图不再适于应用,应重新绘制新图纸,注明“竣工图”标志。新绘制的竣工图,必须真实地反映出变更后的工程情况。

第四种情况:改建或扩建的工程,如果涉及原有建筑工程并使原有工程某些部分发生工程变更的，应把与原工程有关的竣工图资料加以整理，并在原工程图档案的竣工图上增补变更情况和必要的说明。

除上述四种情况之外，竣工图必须做到：

1. 竣工图必须与竣工工程的实际情况完全符合；

2. 竣工图必须保证绘制质量、做到规格统一、字迹清晰、符合技术档案的各种要求；

3. 竣工图必须经过施工单位主要技术负责人审核、签认。

5.1.2.2　组织整理工程资料

工程档案是建设项目的永久性技术文件，是建设单位生产（使用）、维修、改造、扩建的重要依据，也是对建设项目进行复查的依据。在施工项目竣工后，项目经理必须按规定向建设单位移交档案资料。因此，项目经理部的技术部门自承包合同签订后，就应派专人负责收集、整理和管理这些档案资料，不得丢失。工程档案资料的主要内容如下：

1. 开工执照；

2. 竣工工程一览表，包括各个单项工程的名称、面积、层数、结构以及主要工艺设备和装置的目录等；

3. 地质勘察资料；

4. 工程竣工图、施工图会审记录、工程设计变更记录、施工变更洽商记录（如果建设工程项目为保密，工程竣工后还需将全部图纸和资料交付建设单位，施工单位不得复制图纸）；

5. 永久性水准点和坐标位置，建筑物、构筑物基础深度的测量记录；

6. 上级主管部门对该工程有关的技术规定文件；

7. 工程所使用的各种重要原材料、成品、半成品、预制加工构件以及各种设备或装置的检验记录或出厂证明文件；

8. 灰土、砂浆、混凝土等的试验记录；

9. 新工艺、新材料、新技术、新设备的试验、验收和鉴定记录或证明文件；

10. 一些特殊的施工项目的试验或检查记录文件；

11. 各种管道工程、钢筋、金属件等的埋设和打桩、吊装、试压等隐蔽工程的检查和验收记录；

12. 电气工程线路系统的全负荷试验记录；

13. 生产工艺设备的单体试车、无负荷联动试车、有负荷联动试车记录；

14. 地基和基础工程检查记录；

15. 防水工程(主要包括地下室、厕所、浴室、厨房、外墙防水体系、阳台、雨罩、屋面等)的检查记录；

16. 结构工程的检查记录和历次中间检查记录；

17. 工程施工过程中发生的质量事故记录，包括发生事故的部位、程度、原因分析以及处理结果等有关文件；

18. 工程质量评定记录；

19. 建筑物、构筑物的沉降、变形的观测记录；

20. 设计单位(或会同施工单位)提出的对建筑物、构筑物、生产工艺设备等使用中应注意事项的文件；

21. 工程竣工验收报告、工程竣工验收证明文件；

22. 其他需要向建设单位移交的有关文件和实物照片。

凡是移交的工程档案和技术资料，必须做到真实、完整、有代表性，能如实地反映工程和施工中的情况。这些档案资料不得擅自修改，更不得伪造。同时，凡移交的档案资料，必须按照技术管理权限，经过技术负责人审查签认。对曾存在的问题，评语要确切，应经过认真地复查，并做出处理结论。

工程档案移交时，应编制《工程档案资料移交清单》，双方按清单查阅清楚。移交后，双方在移交清单上签字盖章。移交清单一式两份，双方各自保存一份，以备查对。

5.1.2.3 准备验收、移交文书

资料管理人员应及时准备好工程竣工通知书、工程竣工报告、工程竣工验收证明书、工程档案资料移交清单、工程保修证书等书面文件。

5.1.2.4 组织编制竣工结算

施工企业和项目经理部应组织以预算人员为主,生产、管理、技术、财务、材料、劳资等人员参加或提供资料,编制竣工结算表。

5.1.2.5 系统整理质量评定资料

严格按照工程质量检查评定资料管理的要求,系统归类整理准备工程检查评定资料。主要按结构性能、使用功能、外观效果等方面,对工程的地基基础、结构、装修以及水、暖、电、卫、设备安装等各个施工阶段所有资料进行检查和系统的整理,包括:分项工程质量检验评定、分部工程质量检验评定、单位工程质量检验评定、隐蔽工程验收记录、生产工艺设备运转及调试记录、吊装及试压记录以及工程质量事故发生情况和处理结果等方面的资料,为工程正式评定质量提供资料和依据,亦为技术档案资料移交做准备。

5.1.3 竣工验收的预验收

竣工验收的预验收,是初步确定工程质量,避免竣工进程拖延,保证项目顺利投产使用不可缺少的工作。通过组织分级的预验收,可层层把关,及时发现遗留问题,事先予以及时返修、补修,为组织正式验收做好全面、充分的准备,达到一次验收通过。竣工预验收属施工单位自行组织的预先验收,一般遵守下列规定。

5.1.3.1 预验收的标准

自验的标准应与正式验收一样,主要依据是:国家(或地方政府主管部门)规定的竣工标准和竣工口径;工程完成情况是否符合施工图纸和设计的使用要求;工程质量是否符合国家和地方政府规定的质量标准和要求;工程是否达到合同规定的要求和标准等。

5.1.3.2 参加预验的人员

自验的参加人员,应由项目经理组织生产、技术、质量、合同、预算人员以及有关的施工工长、责任工程师等共同参加。

5.1.3.3 预验收的方式

自验的方式,应分层分段、分房间地由上述人员按照自己主管的内容逐一进行检查,在检查中要做好记录。对不符合要求的部位及项目,确定修补措施和标准,并指定专人负责,定期修理完毕。

5.1.3.4 报请上级复验

在项目基层施工管理单位自我验查并对查出的问题全部修补完毕的基础上,项目经理应提请公司上级进行复验。国家重点工程、省市级重点工程应提请公司和总公司一级的上级单位复验。通过复验,要解决全部遗留问题,为正式验收做好充分准备。

5.2 竣工验收的依据、要求和范围

5.2.1 竣工验收的依据

建筑工程项目竣工验收的依据,除了国家规定的竣工标准(或地方政府主管部门规定的具体标准)外,竣工验收工作还应遵照《建筑法》、《合同法》、《建设工程质量条例》、《工程施工验收规范》等法律、行政法规和部门规章的规定标准进行。在办理竣工验收和工程移交手续时,应以下列文件为依据:

1. 建筑安装工程统计规定及上级主管部门关于工程竣工的文件和规定;

2. 建设单位同施工单位的工程招标、投标文件和签订的工程承包合同;

3. 工程设计文件包括:经批准的设计纲要、设计文件、施工图纸、设计说明书、设备技术说明书、设计修改签证和技术核定单等;

4. 国家和地方现行的施工技术验收标准和规范;

5. 施工承包单位需提供的有关施工质量保证文件和技术资料等。

6. 凡属国外引进的新技术、成套设备的项目以及中外合资建设项目,除依据上述文件外,还要按照签订的合同和国外提供的设计文件等进行验收。

竣工验收的交工主体是承包人,验收主体是发包人。验收中,工程项目的规模、工艺流程、工艺管线、生产设备、土地使用、建筑结构、建筑面积、内外装修、质量标准等必须与上述文件、合同规定

的内容一致。

5.2.2 竣工验收的要求

根据国家计委“计建设[1990]1215《建设项目(工程)竣工验收办法》”的规定,工程建设项目进行竣工验收必须符合以下要求:

1. 生产性项目和辅助性公用设施,已按设计要求建完,能满足生产使用。

2. 主要工艺设备、配套设施经联动负荷试车合格,形成生产能力,能够生产出主设计文件所规定的产品。

3. 必要的生活设施,已按设计要求建成。

4. 生产准备工作能适应投产的需要。

5. 环境保护设施、劳动安全卫生设施、消防设施已按设计要求与主体工程同时建成使用。

5.2.3 竣工验收的范围

凡列入固定资产计划的建设项目或单项工程,按照批准的设计文件(初步设计、技术设计或扩大初步设计)所规定的内容和施工图纸的要求全部建成,具备投产和使用条件后,不论新建、改建、扩建和迁建性质,都要及时组织验收,并办理固定资产交付使用的转账手续。有的建设项目(工程)基本符合竣工验收标准,只是零星土建工程和少数非主要设备未按设计规定的内容全部建成,但不影响正常生产,亦应办理竣工验收手续。对剩余工程,应按设计留足投资,限期完成。有的项目投产初期一时不能达到设计能力所规定产量,不能因此而拖延办理验收和移交固定资产手续。

有些建设项目或单项工程,已形成部分生产能力或实际上生产方面已经使用,近期不能按原设计规模续建的,应从实际情况出发,可缩小规模,报主管部门批准后,对已完的工程和设备,尽快组织验收、移交固定资产。

国外引进设备项目,按合同规定完成负荷调试、设备考核合格后,进行竣工验收。其他项目在验收前是否要安排试生产阶段,按各行业规定执行。

已具备竣工验收条件的项目(工程),三个月内不办理验收投产和移交固定资产手续的,取消企业和主管部门的基建试车收入分成,由银行监督全部上交财政,如三个月内办理竣工验收确有困难,经验收主管部门批准,可以适当延长期限。

5.3 竣工验收的标准和条件

5.3.1 竣工验收的标准

建筑施工项目的竣工验收标准规定有三种情况:

5.3.1.1 生产性或科研性建筑工程施工项目验收标准

这种类型建筑工程项目的施工标准是:土建工程、水、暖、电气、卫生、通风工程(包括其他外管线)和属于该建筑物组成部分的控制室、操作室、设备基础、生活间乃至烟囱等,均已全部施工完成,即只有工艺设备尚未安装的,可视为房屋承包单位的工作达到竣工标准,可进行竣工验收。

这种类型建筑工程竣工的基本概念是:一旦工艺设备安装完毕,即可试运转乃至投产使用。

5.3.1.2 民用建筑(即非生产科研性建筑)和居住建筑的竣工标准

这种类型的建筑施工项目的竣工标准是:土建工程、水、暖、电气、煤气、通风工程(包括其他外管线),均已全部完成,电梯设备亦已完成,达到水通、灯亮、具备使用条件,即达到竣工标准,可以组织竣工验收。

这种类型建筑工程竣工的基本概念是:房屋建筑能够交付使用,住宅能够住人。

5.3.1.3 可按达到竣工标准处理的项目

一是房屋室外或小区内的管线已经全部完成,但属于市政工程单位承担的干管干线尚未完成,因而造成房屋尚不能使用的建筑工程,房屋承包单位仍可办理竣工验收手续;二是房屋建筑工程已经全部完成,只是电梯尚未到货或晚到货而未安装,或虽已安装但不能与房屋同时使用,房屋承包单位亦可办理竣工验收手续;三是生产性科研性房屋建筑已经全部完成,只是因为主要工艺设计变更或主要设备未到货,因而只剩下设备基础未做的,房屋承包单位亦可办理竣工验收手续。

这种情况的建筑工程之所以视之为达到竣工标准,并可组织竣工验收,是因为这些客观因素完全不是施工单位所能解决的,有时,解决这些问题往往需要很长时间,没有理由因这些客观因素而拒绝竣工验收,并把施工单位长期拖在那里。

5.3.1.4　分类工程验收标准

由于建设项目门类很多、要求各异,因此必须有相应的竣工验收标准,以资遵循。一般有土建工程、安装工程、人防工程、管道工程、桥梁工程、电气工程及铁路建筑安装工程等不同的验收标准。

1. 土建工程验收标准

凡生产性工程、辅助公用设施及生活设施按照设计图纸、技术说明书、验收规范进行验收,工程质量符合各项要求,在工程内容上按规定全部施工完毕,不留尾巴。即对生产性工程要求室内全部做完,室外明沟勒脚、踏步斜道全部做,内外粉刷完毕,建筑物、构筑物周围2m以内场地平整、障碍物清除,道路及下水道畅通。对生活设施和职工住宅除上述要求外,还要求水通、电通、道路通。

2. 安装工程验收标准

按照设计要求的施工项目内容、技术质量要求及验收规范的规定,各道工序全部保质保量完成施工,不留尾巴。即工艺、燃料、热力等各种管道已做好清洗、试压、吹扫、油漆、保温等工作,各项设备、电气、空调、仪表、通信等工程项目全部安装结束,经过单机、联动无负荷及投料试车,全部符合安装技术的质量要求,具备形成设计能力的条件。

3. 人防工程验收标准

凡有人防工程或结合建设的人防工程的竣工验收必须符合人

防工程的有关规定,并要求:按工程等级安装好防护密闭门;室外通道在人防密闭门外的部位增设防护门进、排风等孔口,设备安装完毕;目前没有设备的,做好基础和预埋件,具备有设备以后即能安装的条件;应做到内部粉饰完工;内部照明设备安装完毕,并可通电;工程无漏水、回填土结束;通道畅通等。

4. 大型管道工程验收标准

大型管道工程(包括铸铁管和钢管)按照设计内容、设计要求、施工规格、验收规范全部(或分段)按质量敷设施工完毕和竣工,泵验必须符合规定要求达到合格,管道内部垃圾要清除,输油管道、自来水管道还要经过清洗和消毒,输气管道还要经过通气换气。在施工前,对管道防腐层(内壁及外壁)要根据规定标准进行验收,钢管要注意焊接质量,并加以评定和验收。对设计中选定的闸阀产品质量要慎重检验。地下管道施工后,对覆土要求分层夯实,确保道路质量。

更新改造项目和大修理项目,可以参照国家标准或有关标准,根据工程性质,结合当时当地的实际情况,由业主与承包商共同商定提出适用的竣工验收的具体标准。

5.3.2 竣工验收的条件

5.3.2.1 施工单位承建的工程项目,凡达到下列条件者,可报请竣工验收。

1. 生产性工程和辅助公用设施,已按设计建成,能满足生产要求。例如:生产、科研类建设项目,土建、给水排水、暖气通风、工艺管线等工程和属于厂房组成部分的生活间、控制室、操作室、烟囱、设备基础等土建工程已完成,有关工艺或科研设备也已安装完毕。

2. 主要工艺设备已安装配套,经联动负荷试车合格,安全生产和环境保护符合要求,已形成生产能力,能够生产出设计文件中所规定的产品。

3. 生产性建设项目中的职工宿舍和其他必要的生活福利设施以及生产准备工作,能适应投产初期的需要。

4. 非生产性建设的项目,土建工程及房屋建筑附属的给水排水、采暖通风、电气、煤气及电梯已安装完毕,室外的各管线已施工完毕,可以向用户供水、供电、供暖气、供煤气,具备正常使用条件。若因建设条件和施工顺序所限,正式热源、水源、电源没有建成,则须由建设单位和施工单位共同采取临时措施解决,使之达到使用要求,这样也可报竣工提请验收。

5.3.2.2 工程项目达到下列条件者,也可报请竣工验收。

工程项目(包括单项工程)符合上述基本条件,但实际上有少数非主要设备及某些特殊材料短期内不能解决,或工程虽未按设计规定的内容全部建完,但对投产、使用影响不大,也可报请竣工验收。例如:非生产性项目中的房屋已经建成,电梯未到货或晚到货,因而不能安装,或虽已安装但不能同时交付使用;又如:住宅小区中房屋及室外管线均已竣工,但个别的市政配套设施没有完成,允许房屋建筑施工企业将承建的建设项目报请竣工验收。这类项目应将所缺设备、材料或未完工程已安装完或修建完,仍按前述办法报请验收。

5.3.2.3 工程项目有下列情况之一者,施工企业不能报请监理工程师做竣工验收。

1. 生产、科研性建设项目,因工艺或科研设备、工艺管道尚未安装,地面和主要装修未完成者。

2. 生产、科研性建设项目的主体工程已经完成,但附属配套工程生活间、控制室、烟囱等未完成影响投产使用。

3. 非生产性建设项目的房屋建筑已经竣工,但由本施工企业承担的室外管线没有完成,锅炉房、变电室、冷冻机房等配套工程和设备安装尚未完成,不具备使用条件。

4. 各类工程的最后一道喷浆、表面油漆活未做。

5. 房屋建筑工程已基本完成,但被施工企业临时占用,尚未完全腾出。

6. 房屋建筑工程已完成,但其周围的环境未清扫,仍有建筑垃圾。

5.4 竣工验收的管理程序和内容

5.4.1 竣工验收的管理程序

竣工验收应由建设方或建设方代表(监理单位)牵头,施工企业和现场项目经理部积极配合进行,竣工验收管理程序如图 5-1 所示。

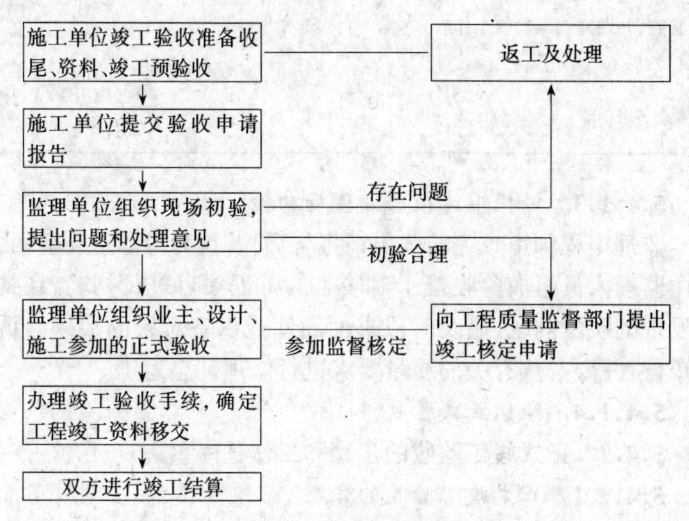

图 5-1 竣工验收管理程序

5.4.1.1 施工单位做施工预验

施工单位竣工预验是指工程项目完工后要求监理工程师验收前,由施工单位自行组织的内部模拟验收。

预验工作一般可视工程重要程度及工程情况,分层次进行。通常有下述三层次:

1. 基层施工单位自验;
2. 项目经理组织自验;
3. 公司级预验。

5.4.1.2 施工单位提交验收申请报告

施工单位决定正式提请验收后应向监理单位正式交验收申请

报告，监理工程师收到验收申请报告后应参照工程合同的要求、验收标准等进行仔细的审查。

通知书的主要内容如表 5-1 所示。

通　知　书　　**表 5-1**

××××××(建设单位名称)：

由我单位承建的××××工程，定于××年×月××日竣工，进行竣工验收。请贵单位在接到本通知书后，约请并组织有关单位和人员，于××年×月××日组织验收，并做完竣工验收工作。

××××(施工单位名称)

年　月　日

5.4.1.3　根据申请报告做现场初验

监理工程师审查完验收申请报告后，若认为可以进行验收，则应由监理人员组成验收班子对竣工的工程项目进行初验，在初验内发现的质量问题，应及时以书面通知或以备忘录的形式告诉施工单位，并令其按有关的质量要求进行修理甚至返工。

5.4.1.4　组织正式验收

5.4.2　正式竣工验收的步骤和工作程序

5.4.2.1　正式竣工验收的步骤

竣工验收一般分为两个阶段进行：

1. 单项工程验收，是指在一个总体建设项目中，一个单项工程或一个车间已按设计要求建设完成，能满足生产要求或具备使用条件，且施工单位已预验，监理工程师已初验通过，在此条件下进行正式验收。

由几个建筑安装企业负责施工的单项工程，当其中某一个企业所负责的部分已按设计完成，也可组织正式验收，办理交工手续，交工时应请总包施工单位参加，以免相互耽误时间。对于建成的住宅可分幢进行正式验收。

2. 全部验收，是指整个建设项目已按设计要求全部建设完成，并已符合竣工验收标准，施工单位预验通过，监理工程师初验认可,由监理工程师组织以建设单位为主,设计、施工等单位参加的正式验收。在整个项目进行全部验收时,对已验收过的单项工程,可以不再进行正式验收和办理验收手续,但应将单项工程验收单,作为全部工程验收的附件而加以说明。

5.4.2.2 正式竣工验收的工作程序

正式验收的程序一般是:

1. 参加工程项目竣工验收的各方对已竣工的工程进行目测检查,同时逐一检查工程资料所列内容是否齐备和完整。

2. 举行各方参加的现场验收会议,通常分为以下几步:

(1) 项目经理介绍工程施工情况、自检情况以及竣工情况,出示竣工资料(竣工图和各项原始资料及记录);

(2) 监理工程师通报工程监理中的主要内容,发表竣工验收的意见;

(3) 业主根据在竣工项目目测中发现的问题,按照合同规定对施工单位提出限期处理的意见;

(4) 暂时休会,由质检部门会同业主及监理工程师讨论工程正式验收是否合格;

(5) 复会,由监理工程师宣布验收结果,质监站人员宣布工程项目质量等级。

3. 办理竣工验收签证书

竣工验收签证书,如表 5-2 所示,必须有三方的签字方生效。

5.4.3 竣工资料的验收

5.4.3.1 竣工验收资料的内容

1. 工程项目开工报告

2. 工程项目竣工报告

3. 分项、分部工程和单位工程技术人员名单

4. 图纸会审和设计交底记录

5. 设计变更通知单

6. 技术变更核实单

竣工验收签订书　　　　**表 5-2**

<table>
<tr><td colspan="2">工程名称</td><td colspan="4">工程地点</td></tr>
<tr><td colspan="2">工程范围</td><td colspan="4">按合同要求定　　建筑面积</td></tr>
<tr><td colspan="2">工程造价</td><td colspan="4"></td></tr>
<tr><td colspan="2">开工日期</td><td colspan="4">年　月　日　　竣工日期　　年　月　日</td></tr>
<tr><td colspan="2">日历工作天</td><td colspan="4">实际工作天</td></tr>
<tr><td colspan="2">验收意见</td><td colspan="4"></td></tr>
<tr><td colspan="2">建设单位验收人</td><td colspan="4"></td></tr>
<tr><td>建设单位</td><td>（公章）
年　月　日</td><td>监理单位</td><td>（公章）
年　月　日</td><td>施工单位</td><td>项目负责人
（公章）
公司负责人
年　月　日</td></tr>
</table>

7. 工程质量事故发生后调查和处理资料
8. 水准点位置、定位测量记录、沉降及位移观测记录
9. 材料、设备、构件的质量合格证明资料
10. 试验、检验报告
11. 隐蔽验收记录及施工日志
12. 竣工图
13. 质量检验评定资料
14. 工程竣工验收及资料

5.4.3.2　竣工验收资料的审核

1. 材料、设备构件的质量合格证明材料；
2. 试验检验资料；
3. 核查隐蔽工程记录及施工记录；
4. 审查竣工图。

建设项目竣工图是真实地记录各种地下、地上建筑物等详细情况的技术文件，是对工程进行交工验收、维护、扩建、改建的依

据,也是使用单位长期保存的技术资料。监理工程师必须根据国家有关规定对竣工图绘制基本要求进行审核,以考查施工单位提交竣工图是否符合要求,一般规定如下:

(1) 凡按图施工没有变动的,则由施工单位(包括总包和分包施工单位)在原施工图上加盖“竣工图”标志后即作为竣工图;

(2) 凡在施工中,虽有一般性设计变更,但能将原施工图加以修改补充作为竣工图的,可不重新绘制,由施工单位负责在原施工图(必须是新蓝图)上注明修改部分,并附以设计变更通知单和施工说明,加盖“竣工图”标志后,即作为竣工图;

(3) 凡结构形式改变、工艺改变、平面布置改变、项目改变以及有其他重大改变,不宜再在原施工图上修改补充者,应重新绘制改变后的竣工图。由于设计原因造成,由设计单位负责重新绘图;由于施工原因造成的,由施工单位负责重新绘图;由于其他原因造成的由建设单位自行绘图或委托设计单位绘图,施工单位负责在新图上加盖“竣工图”标志附以有记录和说明,作为竣工图。

(4) 各项基本建设工程,特别是基础、地下建筑物、管线、结构、井巷、洞室、桥梁、隧道、港口、水坝以及设备安装等隐蔽部位都要绘制竣工图。

监理工程师在审查施工图时,应注意以下方面:

(1) 审查施工单位提交的竣工图是否与实际情况相符。若有疑问,及时向施工单位提出质询。

(2) 竣工图图面是否整洁,字迹是否清楚,是否用圆珠笔和其他易于褪色的墨水绘制,若不整洁,字迹不清,使用圆珠笔绘制等,必须让施工单位按要求重新绘制。

(3) 审查中发现施工图不准确或短缺时,要及时让施工单位采取措施修改和补充。

5.4.3.3 竣工验收资料的签证

由监理工程师审查完承包单位提交的竣工资料之后,认为符合工程合同及有关规定,且准确、完整、真实,便可签证同意竣工验收的意见。

5.4.4　竣工验收后的核实

5.4.4.1　个人投资项目

例如：外商投资项目，监理工程师只需验收之后，协助承包单位与投资者进行交接便可。

5.4.4.2　企业投资项目

例如：企业利用自有资金进行的技改项目，验收与交接是对企业法人代表的。

5.4.4.3　国家投资项目

1．中、小型项目

一般是地方政府的某个部门担任业主的角色，例如：可能是本地的建委、城建局或其他单位作为业主，此时项目的验收与交接也是在承建单位与业主之间进行。

2．大型项目

通常是委托地方政府的某个部门担任建设单位（业主）的角色，但建成后的所有权归国家（中央）所有，这时的项目验收与交接有以下两个层次：

(1) 承包单位向建设单位的验收与交接：一般是项目竣工并通过监理工程师的竣工验收之后，由监理工程师协助承包单位向建设单位进行项目所有权的交接；

(2) 建设单位向国家的验收与交接：通常是在建设单位接受竣工的项目并投入使用1年之后，由国家有关部委组成验收工作小组进驻项目所在地。在全面检查项目的质量和使用情况之后进行验收，并履行项目移交的手续。因而，验收与交接是在国家有关部委与当地的建设单位之间进行。

工程项目经竣工验收合格后，便可办理工程交接手续，即将工程项目的所有权移交给建设单位。交接手续应及时办理，以便使项目早日投产使用，充分发挥投资效益。在办理工程项目交接前，施工单位要编制竣工结算书，以此作为向建设单位结算最终拨付的工程价款。而竣工结算书通过监理工程师审核、确认并签证后，才能通知建设银行与施工单位办理工程价款的拨付手续。

竣工结算书的审核,是以工程承包合同、竣工验收单、施工图纸、设计变更通知书、施工变更记录、现行建筑安装工程预算定额、材料预算价格、取费标准等为依据,分别对各单位工程的工程量、套用定额、单价、取费标准及费用等进行核对,搞清有无多算、错算,与工程实际是否相符合,所增减的预算费用有无根据、是否合法。

在工程项目交接时,还应将成套的工程技术资料进行分类整理、编目建档后移交给建设单位,同时,施工单位还应将施工中所占用的房屋设施,进行维修清理,打扫干净,连同房门钥匙全部予以移交。

5.5 竣工结算

《工程竣工验收报告》一经产生,承包人便可在规定的时间内向建设单位递交竣工结算报告及完整的竣工结算资料。竣工结算是指施工项目按合同规定实施过程中,项目经理部与建设单位进行的工程进度款结算与竣工验收后的最终结算。结算的主体是施工方。结算的目的是施工单位向建设单位索要工程款,实现商品的“销售”。

5.5.1 竣工结算的依据

竣工结算的依据包括:

1. 施工合同;

2. 中标投标书报价单;

3. 施工图及设计变更通知单、施工变更记录、技术经济签证资料;

4. 施工图预算定额、取费定额及调价规定;

5. 有关施工技术资料;

6. 竣工验收报告;

7. 工程质量保修书;

8. 其他有关资料。

5.5.2　竣工结算的编制原则

竣工结算的编制原则包括:

1. 以单位工程或合同约定的专业项目为基础,对原报价单的主要内容进行检查和核对;

2. 发现有漏算、多算或计算误差的,应当及时进行调整;

3. 若施工项目由多个单位工程构成,应将多个单位工程竣工结算书汇总,编制成单项工程竣工综合结算书;

4. 由多个单项工程构成的建设项目,应将多个单位工程竣工综合结算书汇编成建设项目的竣工结算书,并撰写编制说明。

5.5.3　竣工结算的基础工作

竣工结算的基础工作包括:

1. 开工前的施工准备和“三通一平”的费用计算是否准确;

2. 钢筋混凝土结构工程中含钢量是否按规定进行了调整;

3. 加工订货的项目、规格、数量、单位与施工图预算及实际安装的规格、数量、单价是否相符;

4. 特殊工程中使用的特殊材料的单价有无变化;

5. 施工变更记录、技术经济签证与预算调整是否相符;

6. 分包工程费用支出与预算收入是否相符;

7. 施工图要求与实际施工有无不相符;

8. 工程量有无漏算、多算或计算失误。

5.5.4　竣工结算的审批支付

5.5.4.1　竣工结算报告及竣工结算资料,应按规定报送承包人主管部门审定,在合同约定的期限内递交给发包人或其委托的咨询单位审查。

5.5.4.2　竣工结算报告和竣工结算资料递交后,项目经理应按照《项目管理责任书》的承诺,配合企业预算部门,督促发包人及时办理竣工结算手续。企业预算部门应将结算资料送交财务部门,据以进行工程价款的最终结算和收款。发包人应在规定期限内,支付全部工程结算价款。发包人逾期未支付工程结算价款,承包人可与发包人协议工程折价或申请人民法院强制执行拍卖,依法在折价或拍卖后收回结算价款。

5.5.4.3 工程竣工结算后,应将工程竣工结算报告及结算资料纳入工程竣工验收档案移交发包人。

6　用户服务管理

6.1　用户服务管理的概念和意义

6.1.1　用户服务管理的概念

用户服务管理是指工程项目从投标开始、开工、施工直至竣工验收交付使用后，按照合同和有关规定，在整个工程建设的前期、中期、后期的全过程的服务管理。

6.1.2　用户服务管理的意义

用户服务管理的意义有以下几方面：

1. 有利于施工单位重视管理，加强责任心，搞好工程质量，不留隐患，树立向人民和用户提供优质工程满意服务的优良作风；

2. 有利于及时听取用户意见，发现问题，找到工程质量的薄弱环节和工程质量通病，不断改进施工工艺，总结施工经验，提高施工、技术、质量和管理工作的水平，保证建筑工程使用功能的正常发挥；

3. 有利于加强施工单位同建设单位和用户的直接联系与沟通，增强建设单位和用户对施工单位的信任感，提高施工单位的社会信誉；

4. 有利于增强施工单位和建设单位的法制观念、经济观念，共同执行合同履行的“全面履行原则，实际履行原则和诚实信用原则”。

6.2　工程保修

在《建设工程质量管理条例》第三十九条中明确规定了：建设工程实行质量保修制度。

建设工程承包单位在向建设单位提交工程竣工验收报告时，应当向建设单位出具质量保修书。质量保修书中应当明确建设工程的保修范围、保修期限和保修责任等。

工程保修是指建设工程自办理交工验收手续后，在规定的期限内，因勘察、设计、施工、材料等原因造成的质量缺陷，应当由施工单位负责维修。所谓质量缺陷是指工程不符合国家或行业现行的有关技术标准、设计文件以及合同中对质量的要求。

6.2.1 工程保修范围

工程保修范围一般应包括以下几个方面：

1. 屋面、地下室、外墙、阳台、厕所、浴室以及厨房、厕浴间等处渗水、漏水等；

2. 各种通水管道(包括自来水、热水、空调供排水、污水、雨水等)漏水者，各种气体管道漏气以及通气孔和烟道不通者；

3. 水泥地面有较大面积的空鼓、裂缝或起砂者。墙料面层、墙地面大面积空鼓、开裂或脱落者；

4. 内墙抹灰有较大面积起泡，乃至空鼓脱落或墙面浆活起碱脱皮者，外墙装饰面层自动脱落者；

5. 暖气管线安装不良，局部不热、管线接口处及卫生洁具瓷活接口处不严而造成漏水者。

6. 其他由于施工不良而造成的无法使用或使用功能不能正常发挥的工程部位；

7. 建设方特殊要求施工方必须保修的范围。

6.2.2 工程保修期限

在《建设工程质量管理条例》第四十条中明确规定：在正常使用条件下，建设工程的最低保修期限为：

1. 基础设施工程、房屋建筑的地基基础工程和主体结构工程，为设计文件规定的该工程合理使用年限；

2. 屋面防水工程、有防水要求的卫生间、房间和外墙面的防渗漏，为5年；

3. 供热与供冷系统，为两个采暖期、供冷期；

4. 电气管线、给排水管道、设备安装和装修工程，为2年。

其他项目的保修期限由发包方与承包方约定。

建设工程保修期，自竣工验收合格之日起计算。

6.2.3　工程保修做法

6.2.3.1　签订《建筑安装工程保修书》

在工程竣工验收的同时，由施工单位与建设单位按合同约定签订《建筑安装工程保修书》明确承包的建设工程的保修范围、保修期限和保修责任等。保修书目前虽无统一规定，但建设部最新版施工承包合同示范文本中附有的保修书范本可供参考。一般主要内容应包括：工程概况、房屋使用管理要求、保修范围和内容、保修时间、保修说明、保修情况记录。此外，保修书还需注明保修单位(即施工单位)的名称、详细地址、电话、联系接待部门(如：科室)和联系人，以便于建设单位联系。

6.2.3.2　要求检修和修理

在保修期内，建设单位或用户发现房屋使用功能不良，又是由于施工质量而影响使用者，一般使用人可按《工程质量修理通知书》正式文件通知承包人进行保修。小问题口头或电话方式通知施工单位的有关保修部门，说明情况，要求派人前往检查和修复。施工单位必须尽快地派人前往检查，并会同建设单位做出鉴定，提出修理方案，并尽快地组织人力、物力进行修理。《工程质量修理通知书》如表6-1所示。

工程质量修理通知书　　　　表6-1

工程质量修理通知书
质量问题及部位：
承修单位验收： 年　月　日
使用单位(用户)意见： 年　月　日
使用单位(用户)地址： 电话： 联系人： 通知书发出日期：　年　月　日

6.2.3.3 修理的验收

施工单位将发生问题的部位在项目修理完毕以后，要在保修书的“保修记录”栏内据实记录，并经建设单位或用户验收并签认，以确认修理工作完结，达到质量标准和使用功能要求，保修期限内的全部修理工作记录在保修期满后应及时请建设单位或用户认证签字。

6.2.3.4 经济责任的处理

由于建筑工程情况比较复杂，不像其他商品单一性强，有些需要保修的项目往往是由于多种原因造成的，因此，在经济责任的处理上必须依据修理项目的性质、内容以及结合检查修理诸种原因的实际情况，由建设单位和施工单位共同商定经济处理办法，一般有以下几种：

1. 保修的项目确属由于施工单位施工责任造成的，或遗留的隐患和未消除的质量通病，则由施工单位承担全部保修费用；

2. 保修的项目是由于建设单位和施工单位双方的责任造成的，双方应实事求是共同商定各自应承担的修理费用；

3. 修理项目是由于建设单位的设备、材料、成品、半成品等质量不好等原因造成，则应由建设单位承担全部修理费用。施工单位应积极满足建设单位的要求；

4. 修理项目是属于建设单位另行分包的或使用不当造成问题，虽不属保修范围，但施工单位应本着为用户服务的宗旨，在可能条件下给予有偿服务；

5. 涉外工程的保修问题，除按照上述办理修理外，还应依照原合同条款的有关规定执行。

6.3 工程回访

工程回访是建筑业施工企业“为人民服务，对用户负责”坚持多年形成的行之有效的管理制度之一。目前，在激烈的市场竞争中,管理先进的建筑施工企业不仅持之以恒,同时,将原保修责任期的服务工作扩大,不断发展提高,为其注入了新的内涵。

6.3.1　工程回访的方式

工程回访一般有四种方式:

一是季节性回访。大多数是雨季回访屋面、墙面、地下室的防水情况和雨水管线的排水情况;夏季回访屋面及有要求的墙和房间的隔热情况以及制冷系统运行及效果等情况;冬季回访锅炉房及采暖系统的运行及效果等情况,发现问题立即采取有效措施,及时加以解决。

二是技术性回访。主要了解在工程施工过程中所采用的新材料、新技术、新工艺、新设备等的技术性能和使用后的效果,以及设备安装后技术状态等,发现问题及时加以补救和解决,同时也便于总结经验,获取科学依据,不断改进和完善,并为进一步推广创造条件。这种回访既可定期进行,也可以不定期地进行。

三是保修期满前的回访。这种回访一般是在保修期即将届满之前,进行回访,既可以解决出现的问题,又标志着保修期即将结束,使建设单位注意今后建筑物的维护和使用。

四是特殊性回访。这种回访是对某一特殊工程应建设单位和用户邀请,或施工企业自身的特殊需要进行的专访。对其施工企业自己的专访要认真做好记录,并对选定的特殊设备、材料和正确使用方法、操作、维护管理等对建设方做好咨询性技术服务。施工单位应邀专访中,应真诚的为业主和用户提供优质的服务。对一些重点工程实行保修保险的工程,应组织专访。

6.3.2　工程回访的方法

应由施工单位的领导组织生产、技术、质量、水电(也可包括合同、预算)等有关方面的人员进行回访,必要时还可以邀请科研方面的人员参加。回访时,由建设单位组织座谈会或意见听取会,并实地检查、查看建筑物和设备的运转情况等。回访必须认真,必须解决问题,并应做好回访记录,必要时应整理出回访记录,绝不能把回访当成形式或走过场。

6.3.3　工程回访的形式和次数

工程回访的形式现在可以说是不拘一格，目前主要的仍采用上门拜房、发信函调查、电话沟通联系、发征求意见书等。

工程回访次数，按规定保修期限内每年中不得少于两次，特别在冬雨期要重点回访。一般建筑施工企业的主管责任部门，每年都对企业全部在保修责任期的回访工作，统筹安排有“回访计划”，组织按计划执行。回访计划如表6-2所示。

回 访 计 划　　表6-2

序号	回访工程及内容	保修期	执行回访单位	参与回访单位	时间安排

6.4　工程保修金

6.4.1　工程保修金的来源

施工承包方按国家有关规定和条款约定的保修项目、内容、范围、期限及保修金额和支付办法，进行保修并支付保修金。

保修金是由建设发包方掌握的，一般是采取按合同价款一定比率，在建设发包方应付施工承包方工程款内预留。这一比率由双方在协议条款中约定。保修金额一般在合同价款的5%的幅度内。

保修金具有担保性质。若施工承包方已向建设发包方出具保函或有其他保证的，也可不留保修金。

6.4.2　工程保修金的使用

保修期间，施工承包方在接到修理通知后应及时备料、派人进行修理，否则，建设发包方可委托其他单位和人员修理。因施工承包方原因造成返修的费用，建设发包方将在预留的保修金内扣除，不足部分,由施工承包方支付;因施工承包方以外原因造成返修的经济支出,由建设发包方承担。

6.4.3 工程保修金的结算和退还

工程保修期满后,应及时结算和退还保修金。采用按合同价款一定比率,在建设发包方应付施工承包方工程款内预留保修金办法的,建设发包方应在保修期满 20 天内结算,将剩余保修金和按协议条款约定利率计算的利息一起退还给施工承包方,不足部分由施工承包方支付。

6.5 建立用户服务管理新机制

1983 年国家计委颁发的《施工企业为用户负责手则》中明确规定,施工企业必须做到:施工前为用户着想,施工中对用户负责,竣工后让用户满意,“积极搞好三保(保试运、保投产、保使用)和回访保修”。很多建筑施工的大中型企业,认真贯彻实施手则中规定的这一原则,积极开展“创建用户满意工程和用户满意企业”的活动。在工程管理实践,不断地总结经验,创建新型的管理体制和机制,设立“项目管理部”和“用户服务部”,用集约经营和管理的方式,策划和实施全企业所有施工项目的用户服务管理工作,取得了显著的成效,赢得了建设单位的信任,更大份额的占领了建筑市场。

附录1

某建筑集团公司《项目用户满意度评价办法》

1 目的

创建用户满意工程和用户满意企业,更大份额的占领建筑市场。

2 适应范围

本程序适用于(根据各工程具体情况填写)

3 相关文件

××公司《质量保证手册及相关程序文件》

4 定义(根据各工程具体情况填写)

5 职责

5.1 集团公司项目管理部组织制定、修改、实施本方法。负责归口管理和责成子公司对项目满意度评价的实施。

5.2 认真贯彻执行上级有关用户满意指示,按照有关规定组织对工程项目,定期或不定期的抽查和巡回检查。

6 实施办法

6.1 总则

6.1.1 为进一步提高工程建设项目的工程质量和服务质量水平,规范项目管理行为,促进企业整体素质进一步提高,确保工程项目取得最佳用户满意工程和经济效益、社会效益。根据建筑市场的需要和集团改革精神,结合集团实际情况,特编制本实施办法。

6.1.2 本办法所称项目用户满意度评价是指供方在取得建筑工程施工合同前,施工过程中,直至竣工交付使用等全部用户服务工作的满意度评价,评价的目的是实现工程项目用户的满意程度,实现全过程、全方位的综合服务从而达到工程项目建设质量优、服务优、工期短、效益好的目标。

6.1.3 本办法由集团公司项目管理部负责对集团所属建设

工程项目用户满意度评价各种表格及信件的收集、整理、分析和定期或不定期的抽查和巡回检查等工作，各子公司和其他企业法人授权的总承包项目经理部负责建设工程项目用户满意度评价工作的定期自查，并按时汇总上报等工作。

6.2　具体作法

6.2.1　项目用户满意度评价采用分阶段实施的办法，子公司和企业法人授权的总承包项目经理部组织对所承建的工程按项目进行自查，自查频率每季度一次，并于次季度第一个月5日前书面报集团公司项目管理部备案，项目管理部将进行不定期的抽检，审查真实性，并由项目管理部每半年一次汇总在全集团范围通报。项目用户满意度评价汇总表，如附表1-1所示。

项目用户满意度评价汇总表　　　　**附表1-1**

工程项目名称：

<table>
<tr><td colspan="2">施工单位名称</td><td colspan="2"></td><td colspan="2">资质等级</td><td colspan="2"></td></tr>
<tr><td colspan="2">建设单位名称</td><td colspan="2"></td><td colspan="2">资质等级</td><td colspan="2"></td></tr>
<tr><td>序</td><td>检查日期</td><td>售前服务
评价
（20分）</td><td>售中服务
评价
（50分）</td><td>售后服务
评价
（30分）</td><td>合计总分
（100分）</td><td>当次评价
结论</td><td>备　注</td></tr>
<tr><td>1</td><td></td><td></td><td></td><td></td><td></td><td></td><td></td></tr>
<tr><td>2</td><td></td><td></td><td></td><td></td><td></td><td></td><td></td></tr>
<tr><td>3</td><td></td><td></td><td></td><td></td><td></td><td></td><td></td></tr>
<tr><td>4</td><td></td><td></td><td></td><td></td><td></td><td></td><td></td></tr>
<tr><td colspan="2">平　均</td><td></td><td></td><td></td><td></td><td></td><td></td></tr>
<tr><td>季度评价结论</td><td colspan="7">（签名、盖章）
年　月　日</td></tr>
</table>

注：1. 每次检查核计总分达70分（含70分）以上为合格，将结论填写于当次评价结构栏内。

2. 本表按季度汇总。

6.2.2 项目用户满意度评价，累计得分在70分以下的工程项目为不合格，70～90分为合格，90分以上为优良。

6.2.3 成立集团建设工程项目用户满意度评价领导小组。

6.2.4 集团各子公司及法人授权的总承包项目经理部必须建立相应的日常用户满意度评价自查小组，具体负责本单位的自查、评比、上报及评价等工作，各单位自查小组实施本办法本月内组建完成，并将评价自查小组名单书面报集团公司项目管理部。

6.3 计分方法

6.3.1 项目用户满意度评价内容包括：供方在取得建设工程施工合同前与顾客的售前服务评价；供方在取得建设工程施工合同后与顾客的售中服务评价；供方在取得建设工程质量合格证书后与顾客的售后服务评价等三个方面。评价满分100分。

6.3.2 供方在取得建设工程施工合同前与顾客的售前服务评价，满分20分。评价的主要内容：技术咨询；资料准备；意向承诺；标书编制与送达；参加投（议）标合同洽谈签约；致顾客感谢信。项目售前服务评价检查计分表，如附表1-2所示。

项目售前服务评价检查计分表 **附表1-2**

工程项目名称：

序	名称	项目售前服务评价得分	技术咨询	资料准备	意向承诺	标书编制与送达	参加投(议)标合同洽谈签约	致顾客感谢信	经营项目负责人	考评人
		100	15	20	20	5	20	20	(签字)	(签字)

项目售前服务评价得分率＝(评价得分)×(0.2)

6.3.3　供方在取得建设工程施工合同后与顾客的售中服务评价,满分50分。评价的主要内容:现场管理;工程进度;工程质量;顾客投诉及时处理;对项目经理每半年致顾客征求意见函一次。项目售中服务评价检查计分表,如附表1-3所示。

项目售中服务评价检查计分表　　附表1-3

施工现场名称:

序	工程项目名称	项目售中服务评价得分	现场管理	工程进度	工程质量	顾客投诉及时处理情况	对项目经理工作每半年致顾客征求意见函一次	施工现场负责人	评价人
		100	15	15	30	20	20	(签字)	(签字)

项目售中服务评价得分率=(评价得分)×(0.5)

6.3.4　供方在取得建设工程质量合格证书后与顾客的售后服务评价,满分30分。评价的主要内容:编制年度售后服务计划;回访保修实施情况;顾客质量投诉处理情况;保修期顾客满意度;保修合同执行情况;回访保修资料管理情况。项目售后服务评价检查计分表,如附表1-4所示。

项目售后服务评价检查计分表　　**附表 1-4**

施工现场名称：

序	工程项目名称	项目售后服务评价得分	编制年度售后服务计划	回访保修实施情况	顾客质量投诉处理情况	保修期顾客满意度	保修合同执行情况	回访保修资料管理情况	主管负责人	评价人
		100	15	20	20	5	20	20	（签字）	（签字）

项目售后服务评价得分率＝（评价得分）×（0.3）

评价实行百分制考核办法。每张表100分，共计300分。分项评价后按下列规定折算标准分值：

其中　售前服务　20分

　　　售中服务　50分

　　　售后服务　30分

凡符合基本条件且检验评价总评分达到90分以上，单项评分不低于80分的项目，方可评价为优良用户满意工程项目。

6.3.5　评分方法

受检项目分别按检查表规定的内容时行专业检查，并按下列规定记录和评分：

凡达到规程、规范、规定和标准要求且全面完好的评价为好，给予该项标准分值100%；

凡达到规程、规范、规定和标准要求且转为完好的，评为较好，给予该标准分值90%；

凡达到规程、规范、规定和标准合格要求的，评为合格，给予该项标准分值的70%；

凡不完成符合规程、规范、规定和标准要求，有一定缺陷，需整改后才能达到合格要求的，评为较差，给予该项标准分值的50%；

凡不符合规程、规范、规定和标准要求，有严重缺陷的，评为差，扣除该项全部分值，给予0分；

如发现有严重隐患或严重问题项目，可视其严重程度，在零线下给予负5～10分处理，并在检查汇总表的总分中酌情和减5～20分。

6.4　评价的作用

1. 顾客及集团公司有关主管部门对项目管理人员赢得用户满意和业绩评价的主要依据；

2. 项目经理及各类专业技术人员资质晋升与降级或撤换的主要依据；

3. 企业奖励优秀项目经理和项目专业管理人员的依据；

4. 推送“项目管理优秀项目”和“优秀项目经理”的依据；

5. 项目经理资质动态管理的依据。

6.5　奖罚办法

6.5.1　按对项目用户满意度评价结果达优良的工程项目，集团公司将按奖励方法，对项目经理奖励。

6.5.2　对项目用户满意度评价得分在70分以下为不合格，连续二次“不合格”或同一年度、同一施工项目累计发生二次不合格，如何给予项目经理处罚由主管领导确定。连续三次“不合格”如何给予项目经理处罚由主管领导确定。

6.6　附则

6.6.1　项目用户满意度评价监督及检查人员不认真履行职

责,对检查中发现的问题及时处理或伪造评价结果的,一经发现,集团公司将如何给予处罚由主管领导确定。

6.6.2 本办法的解释权在项目管理部。

6.6.3 本办法自发布之日起实行。

附录2

用户满意策划理论的基本框架

短缺经济在许多领域内已基本结束，市场竞争日趋激烈成了不争的事实。企业在实践中逐步认识到成功的经营活动必须以市场为导向，以用户为中心。国外一些发达国家和地区早在十年前就开展了用户满意度的评价和策划活动。近几年，我国在发展市场经济，追求经济增长的效益与质量过程中也意识到用户满意应当成为指导和检验经济建设的重要准则，并且在中国质协等部门的领导下于1996年成立了用户满意工程联合推进办公室，指导和总结活动的开展。对于用户满意工程的作用和意义，从政府到企业早已达成共识，然而，有关用户满意战略与工程的内涵、理论和方法的研究还很不系统和深入，这无疑阻碍着用户满意活动的进一步开展。本文介绍用户满意策划理论的基本框架。

1. 企业经营活动与CS策划

用户满意(简称为CS)活动始于20世纪80年代日本的汽车行业，随后迅速在其他行业内得到蓬勃开展。“让用户满意”当初是作为一种营销策略提出来的，在实践中人们认识到高层次的用户满意不能仅仅局限于市场营销，而应当始于企业内部的经营管理，于是形成了用户满意经营理念和经营战略。CS策划则是围绕用户满意目标而形成的理念、策略、程序和方法的总称。CS策划活动贯穿于企业经营活动的全过程，二者的关系可用附图2-1表示。

用户的内涵也在实践中不断发展。如今外部用户和内部用户的概念已广为接受。许多企业明确提出员工是企业的用户，主体单位是辅助部门的用户，下道工序是上道工序的用户，如此等等。员工满意与用户满意的动态关联关系如附图2-2所示。用户满意应当内外兼修、所以CS策划的目标不仅要让外部用户满意，而且还应当做到使内部用户也满意，这就意味着再次强调人在生产经

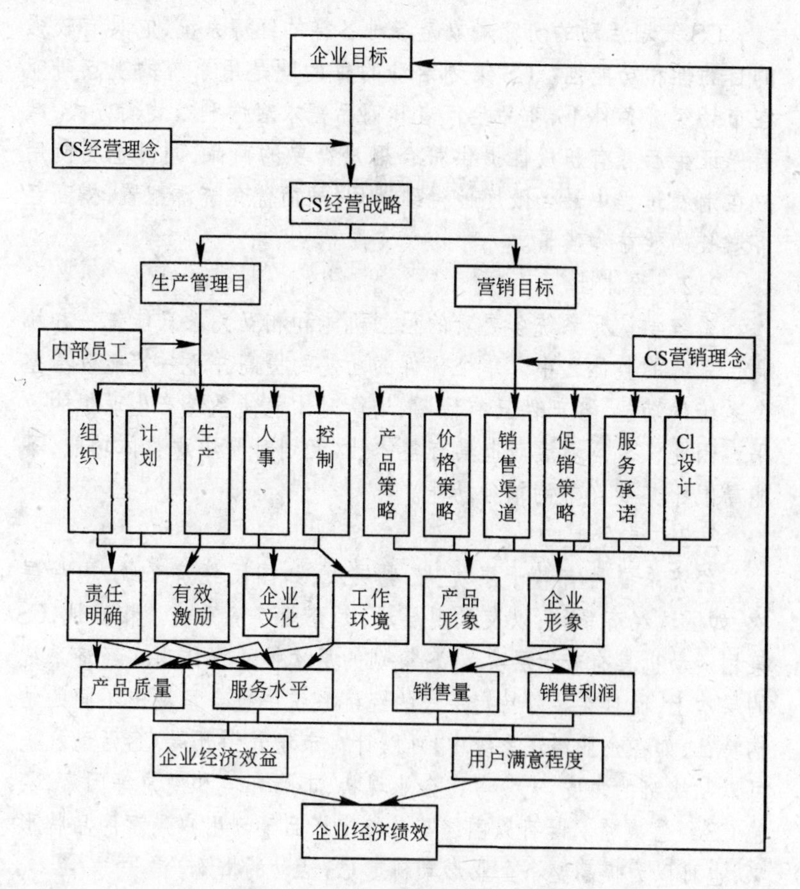

附图2-1　企业经营活动与CS策划

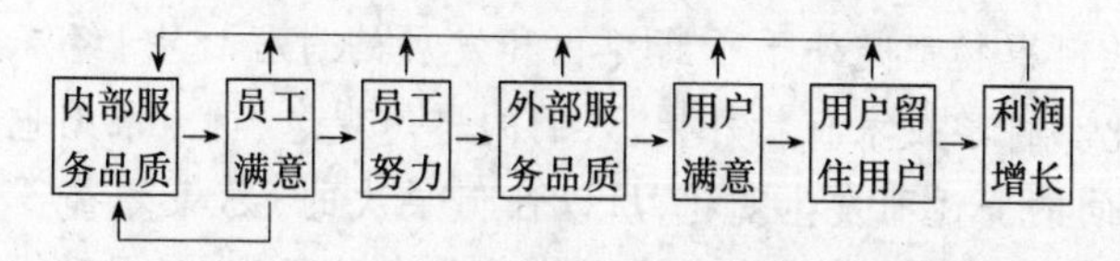

附图2-2　员工满意和用户满意的动态关系

营中的重要性，它反映了“人本管理”，是时代发展的需要。

2. CS策划的基本特征

2.1　目的性

CS 策划活动的研究对象是各种各样的经济系统，它具有较强的目的性和功能性。CS 策划活动的目的就是用系统的观点研究在市场经济条件下，商品生产者和商品需求者的利益均衡方式，既要保证生产者有积极性提供符合用户需要的商品，同时也要使用户在消费过程中最大限度地得到满足，从而优化资源配置，提高经济增长的效益和质量。

2.2　整体性

系统学认为系统各要素的独立机能和相互关系只能统一和协调于系统的整体之中。单个部件的功能的提高并不一定能改善整个系统的功能，各部件只有协调、均衡时才能使系统产生理想的效果。因此，CS 策划活动也具有整体性，策划时要注意整体功能，不能局限于某些环节的单独功能。

2.3　层次性

经济系统具有若干层次：宏观层次，如国民经济系统；中观层次，如区域经济系统；以及微观层次，如企业经济系统。相应地，CS 策划活动也具有若干层次。CS 策划的层次性不仅体现在经济系统的层次上，而且在某一特定层次的经济系统中也会呈现出不同的结构特征，如在企业经济系统中，可以针对市场营销开展 CS 活动。也可以从战略的角度，充分考虑企业现状、市场环境和用户等因素，实施 CS 经营战略。既可以围绕某一特定产品策划用户满意的品牌形象，也可以为提高整个企业形象制定 CS 活动的措施。

2.4　动态性

任何事物都是处于不断变化和发展的过程之中，经济系统也是如此。科学技术日新月异，人们的思想观念、行为准则也会因空间、时间的变迁而发生变化，所以任何层次的 CS 策划都不应当一成不变，应当根据系统构成要素的变化审时度势，把握时机。

2.5　环境适应性

任何经济活动都是存在于一定的环境之中，它们与环境时刻进行着物质、能量和信息的交流。用户满意是整个社会大系统中政治、文化、历史、伦理和教育、科技等多种因素相互作用的结果，而这些因素都是处于不断变化和运动之中,因此,CS活动应当具有一定的弹性和可塑性,以便使其内部要素更好地适应外界环境及其变化。

3. CS策划的基本原则

3.1 系统原则

系统原则是CS策划活动整体性的必然要求。进行策划时应当综合运用自然科学和社会科学中的相关理论和方法(如系统科学、经济学、管理学等),对系统的构成要素、结构特征、内外环境、信息反馈与控制等进行全面的分析,从而确定适当的策划目标和可行的实施方案。在实际运作中,整体和局部、长期利益和近期利益往往会发生冲突。系统性原则要求综合内外因素从全局把握局部,从长期把握短期,从质变把握量变,发挥整体策划的效益。

3.2 循序渐进的原则

CS策划活动的层次性和用户满意的相对性表明,它不可能一蹴而就。随着内外矛盾的逐步暴露,策划的难度可能随着处理过程和时间而增加,这就要求在进行策划时,及时跟踪系统的变化综合运用多种方法,采用循环交替的方式,逐步推进问题求解的深度和广度,把各个单元的功能有机地统一起来,使系统由无序状态向有序状态演变。

3.3 综合性原则

CS策划活动不仅表现在对各门学科和技术领域的各种最新成果的综合运用,同时还表现在时间和空间上对各种计划的编排、安排、布局和实施过程方面的综合运用。策划时善于运用系统综合原理,就可能把复杂的各要素组合成一有机的整体,以最小的投入取得很好的效益。

3.4 策略分析的原则

CS策略是实现用户满意目标的措施和手段,是CS策划的精华所在。与CS经营战略相比,CS策略具有较大的灵活性和可操作性。有了战略,仅仅是为CS活动指明了前进的方向。如果没有灵活多样的具体的措施手段与之配合,用户满意的目标就难以实现。CS策略应根据当时所处的环境、市场营销状况、消费群体以及媒体的特点相机而定。

3.5　可行性原则

可行性是指达到用户满意目标的可能性、可靠性、价值性、效率与效益等方面的分析、预测和评估。作为一个涉及企业经营全过程的策划活动,它需要消耗一定的财力、物力和人力,如果在策划中不坚持可行性原则,对取得成功就不会有把握,就不能保证投资有较好的回报。

3.6　效益与效率的原则

追求效益,注重效率是实现CS策划目的的客观要求。不讲效益的策划是毫无价值的。为了获得较好的效益,必须提高效率。一般而言,从效率到效益的实现会受到若干因素的制约,如效率的提高通常要以一定的成本为代价,而效率提高了确实能产生一定的效益。准确把握好效率和效益的关系是CS策划的精髓。

3.7　定性定量相结合的原则

CS策划既是一项科学的管理活动,同时又是一项具有高度创造性的艺术活动。其科学性体现在人们可以运用系统工程的方法,定量地描述CS策划的某些状态和规律。其艺术性则体现在它的高度预见性、灵活性和创造性的思维过程之中。复杂的市场环境,心脏许多影响用户的社会因素、心理因素和竞争因素等难以用数学模型表示,这就需要策划者运用创造性的艺术思维进行补充和配合。

4. CS策划的主要内容

CS策划活动涉及企业经营活动的全过程,因而它的主要内容包括市场前景预测、生产经营管理、市场营销和评价与控制,其框架如附图2-3所示。

从附图2-3可以看出,CS策划不同于一般的企业活动,它具有鲜明的特色,如进行市场预测时,特别强调研究用户的经济行为特征和用户与企业之间存在的博弈行为,在生产管理过程中注重企业文化建设,评价企业的经营绩效时,不仅采用经济效益指标,而且还引入用户满意度等等。针对CS策划的基本特征,坚持七项策划原则，就可以开展各项内容的具体研究工作。

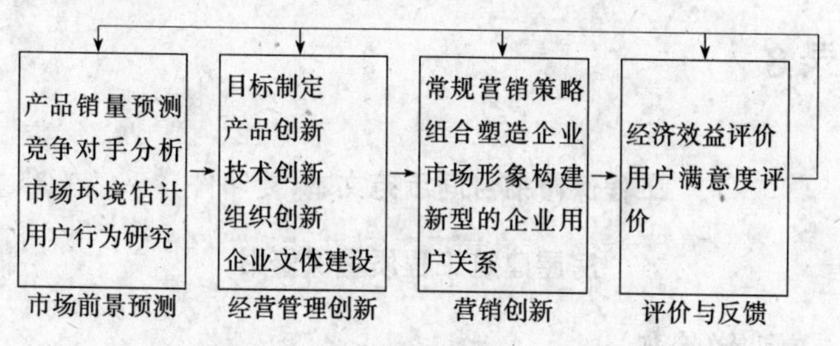

附图 2-3 用户满意策划的主要内容

附录 3

工程保修书合同示范文本(复印件)

房屋建筑工程质量保修书

发包人(全称):____________________

承包人(全称):____________________

发包人、承包人根据《中华人民共和国建筑法》、《建设工程质量管理条例》和《房屋建筑工程质量保修办法》,经协商一致,对____________________(工程全称)签订工程质量保修书。

第一条　工程质量保修范围和内容

承包人在质量保修期内,按照有关法律、法规、规章的管理规定和双方约定,承担本工程质量保修责任。

质量保修范围包括地基基础工程、主体结构工程,屋面防水工程、有防水要求的卫生间、房间和外墙面的防渗漏,供热与供冷系统,电气管线、给排水管道、设备安装和装修工程,以及双方约定的其他项目。具体保修的内容,双方约定如下:

____

____。

第二条　质量保修期

双方根据《建设工程质量管理条例》及有关规定,约定本工程的质量保修期如下:

1. 地基基础工程和主体结构工程为设计文件规定的该工程合理使用年限;

2. 屋面防水工程、有防水要求的卫生间、房间和外墙面的防渗漏为__________年;

3. 装修工程为__________年;

4. 电气管线、给排水管道、设备安装工程为__________年;

5. 供热与供冷系统为__________个采暖期、供冷期；

6. 住宅小区内的给排水设施、道路等配套工程为________年；

7. 其他项目保修期限约定如下：____。

质量保修期自工程竣工验收合格之日起计算。

第三条　质量保修责任

1. 属于保修范围、内容的项目，承包人应当在接到保修通知之日起7天内派人保修。承包人不在约定期限内派人保修的，发包人可以季托他人修理。

2. 发生紧急抢修事故的，承包人在接到事故通知后，应当立即到达事故现场抢修。

3. 对于涉及结构安全的质量问题，应当按照《房屋建筑工程质量保修办法》的规定，立即向当地建设行政主管部门报告，采取安全防范措施；由原设计单位或者具有相应资质等级的设计单位提出保修方案，承包人实施保修。

4. 质量保修完成后，由发包人组织验收。

第四条　保修费用

保修费用由造成质量缺陷的责任方承担。

第五条　其他

双方约定的其他工程质量保修事项：____。

本工程质量保修书，由施工合同发包人、承包人双方在竣工验收前共同签署，作为施工合同附件，其有效期限至保修期满。

发包人(公章)：　　　　承包人(公章)：

法定代表人(签字)：　　　　法定代表人(签字)：

年　月　日　　　　年　月　日

附录4

各种表格

建筑工程开工报告　　附表4-1

编号：

工程名称：　　合同号：　　施工单位：

<table>
<tr><td colspan="3">建 设 单 位</td><td colspan="3"></td><td colspan="3">设 计 单 位</td><td colspan="3"></td></tr>
<tr><td colspan="3">建 筑 面 积</td><td colspan="3"></td><td colspan="3">结 构 及 层 数</td><td colspan="3"></td></tr>
<tr><td colspan="3">供 料 办 法</td><td colspan="3"></td><td colspan="3">投 资 来 源</td><td colspan="3"></td></tr>
<tr><td colspan="6">建设单位开户银行及账户</td><td colspan="6"></td></tr>
<tr><td colspan="12">施工图预(概)算价值</td></tr>
<tr><td colspan="2">建　筑</td><td colspan="2"></td><td colspan="2">安　装</td><td colspan="2"></td><td colspan="2">合　计</td><td colspan="2"></td></tr>
<tr><td colspan="12">计划开竣工日期

年　月　日至　年　月　日</td></tr>
<tr><td colspan="12">建筑执照：</td></tr>
<tr><td colspan="12">施工许可证：</td></tr>
<tr><td colspan="12">

施工单位盖章　　监理工程师签字日期</td></tr>
</table>

年　月　日

施工单位申报表(通用) **附表 4-2**

编号:

工程名称: 合同号: 施工单位:

<table>
<tr><td>致(监理工程师代表)

事由:

申报内容:

施工单位 日 期
附件:</td></tr>
<tr><td>附注:本表用于没有专用表格,根据合同规定和监理要求又必须书面向监理工程师提出的申请、报审、报批、请示、申报和报告等。如用于单项工程开工申请、设计变更报审、材料预付款申请等。</td></tr>
</table>

施工技术方案报审表　　**附表 4-3**

编号：

工程名称：　　合同号：　　施工单位：

<table>
<tr><td>致(监理工程师代表)
现报上　　工程的技术、工艺方案，方案详细说明和图表见附件，请予审查和批准。
附件：技术、工艺方案说明和图表。

施工单位(承包商)　　日　期</td></tr>
<tr><td>监理工程师代表审查意见：

审查意见：同意
修改后再报(见附言)
不同意
监理工程师代表　　日　期</td></tr>
<tr><td>监理工程师审定的意见：

审查结论：同意
修改后再批
不同意
监理工程师　　日　期</td></tr>
<tr><td>附注：特殊技术、工艺方案要经工程师批准，一般由监理工程师代表审批。</td></tr>
</table>

由施工单位呈报三份，审批后监理工程师代表、监理工程师各一份，退施工单位一份。

建筑材料报验单

附表 4-4

编号:

工程名称:　　　　　　合同号;　　　　　　施工单位:

<table>
<tr><td colspan="5">致(试验工程师)
下列建筑材料经自检试验符合技术规范要求,报请验证,并准予进场。
附件:1. 材料出厂质量保证书
　　　2. 材料自检试验报告

施工单位　　日　期</td></tr>
<tr><td colspan="2">材料名称</td><td></td><td></td><td></td></tr>
<tr><td colspan="2">材料来源、产地</td><td></td><td></td><td></td></tr>
<tr><td colspan="2">材料规格</td><td></td><td></td><td></td></tr>
<tr><td colspan="2">用途</td><td></td><td></td><td></td></tr>
<tr><td colspan="2">本批材料数量</td><td></td><td></td><td></td></tr>
<tr><td rowspan="5">施工单位的试验</td><td>试样来源</td><td></td><td></td><td></td></tr>
<tr><td>取样地点、日期</td><td></td><td></td><td></td></tr>
<tr><td>试验日期、操作人</td><td></td><td></td><td></td></tr>
<tr><td>试验结果</td><td></td><td></td><td></td></tr>
<tr><td>材料预计进场日期</td><td></td><td></td><td></td></tr>
<tr><td colspan="5">致施工单位(承包商)
我证明上述材料的取样、试验等是符合/不符合规程要求的,经抽检复查试验的结果表明,这些材料,符合/不符合合同技术规范要求,可以/不可进场在指定工程部位上使用。

试验(材料)工程师　　日　期</td></tr>
</table>

由施工单位呈报两份,签发证明后监理组留档一份,另一份退施工单位。

进场设备报验单

附表 4-5

编号:

工程名称:　　　　合同号:　　　　施工单位:

<table>
<tr><td colspan="7">致(监理工程师)
下列施工设备已按合同规定进场,请你查验签证,准予使用。

施工单位(承包商)　　日　期</td></tr>
<tr><td>设备名称</td><td>规格型号</td><td>数　量</td><td>进场日期</td><td>技术状况</td><td>拟用何处</td><td>备　注</td></tr>
<tr><td></td><td></td><td></td><td></td><td></td><td></td><td></td></tr>
<tr><td></td><td></td><td></td><td></td><td></td><td></td><td></td></tr>
<tr><td></td><td></td><td></td><td></td><td></td><td></td><td></td></tr>
<tr><td></td><td></td><td></td><td></td><td></td><td></td><td></td></tr>
<tr><td></td><td></td><td></td><td></td><td></td><td></td><td></td></tr>
<tr><td></td><td></td><td></td><td></td><td></td><td></td><td></td></tr>
<tr><td></td><td></td><td></td><td></td><td></td><td></td><td></td></tr>
<tr><td colspan="7">致(施工单位)(承包商):　　　　经查验
1. 性能、数量能满足施工需要的设备:
(准予进场使用的设备)
2. 性能不符合施工要求的设备:
(由施工单位更换后再报的设备)
3. 数量或能力不足的设备:
(由施工单位补充的设备)
请你尽快按施工进度要求,配足所需设备。

监理工程师　　日　期</td></tr>
</table>

由施工单位呈两份,查验后监理组留档一份,另一份退施工单位。

施工放样报验单

附表4-6

编号:

工程名称: 合同号: 施工单位:

致(监理工程师)

根据合同要求,我们已完成

(工程或部位名称)

的施工放样工作清单如下,请予查验。

附件:测量及放样资料

施工单位(承包商) 日 期

工程或部位名称	放样内容	备 注

查验结果:

测量员 日 期

监理工程师的结论:

查验合格

纠正差错后合格

纠正差错后再报

监理工程师 日 期

注:由施工单位呈报两份,做出结论后监理组留档一份,另一份退施工单位。

分包申请

附表 4-7

编号:

工程名称:　　　　　　合同号:　　　　　　施工单位:

<table>
<tr><td colspan="7">致监理(工程师代表)
要求同意下列分包,我证明执行这项分包工程的单位是有经验、有能力胜任的,并且保证工程按合同文件的规定进行。

施工单位　　　　日　期
附件:分包人资质、经验、能力、信誉、财务,主要人员经历等资料。</td></tr>
<tr><td colspan="7">分单位名称:　　　　　　分包商姓名:</td></tr>
<tr><td>工程号</td><td>分包工程的名称</td><td>单位</td><td>数量</td><td>单价</td><td>分包金额</td><td>占合同总金额的%</td></tr>
<tr><td></td><td></td><td></td><td></td><td></td><td></td><td></td></tr>
<tr><td></td><td></td><td></td><td></td><td></td><td></td><td></td></tr>
<tr><td></td><td></td><td></td><td></td><td></td><td></td><td></td></tr>
<tr><td colspan="4">分包工程开工日期:
分包工程预计竣工日期:</td><td colspan="3">合计</td></tr>
<tr><td colspan="3">监理工程师代表的建议:

建议分包

不同意分包

监理工程师代表　　　日　期</td><td colspan="4">监理工程师审批意见:

批准分包:

不准分包

监理工程师　　　日　期</td></tr>
</table>

由承包商呈报三份,审批后监理工程师、监理组各留一份,另一份退承包商。

合同外工程单价申报表

附表 4-8

编号：

工程名称：　　　　　　合同号：　　　　　　施工单位：

<table>
<tr><td colspan="6">致(监理工程师代表)
根据第　　号变更指令增加的合同外工程,除标书中已有单价的项目参照标收执行外,对下列项目内容采用申报的单价,请审查核准。
附件：工程单价计算表、计算依据及说明

施工单位(承包商)　　日　期</td></tr>
<tr><td>项目号</td><td>项目工程名称内容</td><td>单　位</td><td>申报单价</td><td>监理工程师代表审定单价</td><td>监理工程师核准单价</td></tr>
<tr><td></td><td></td><td></td><td></td><td></td><td></td></tr>
<tr><td></td><td></td><td></td><td></td><td></td><td></td></tr>
<tr><td></td><td></td><td></td><td></td><td></td><td></td></tr>
<tr><td></td><td></td><td></td><td></td><td></td><td></td></tr>
<tr><td></td><td></td><td></td><td></td><td></td><td></td></tr>
<tr><td colspan="6">监理工程师代表　　监理工程师
日　期　　　　日　期</td></tr>
<tr><td colspan="6">附注：当监理工程师代表与施工单位意见不一致时,由监理工程师做出决定</td></tr>
</table>

由施工单位呈报三份,审定核准后监理工程师、监理工程师代表各留档一份,另一份退施工单位。

计日工单价申报表 **附表 4-9**

编号:

工程名称; 合同号: 施工单位:

致监理(工程师代表)

兹申报下列计日工程单价,请审查核准。

附件: 单价计算表及计算依据资料

施工单位 日 期

工种及主要材料、设备名称	单 位	申报单价	监理工程师代表审定单价	监理工程师核 单 价

监理工程师代表 监理工程师

日 期 日 期

附注: 当监理工程师代表与承包商意见不一致时,由监理工程师做出决定

由施工单位呈报三份,审定核准后监理工程师、监理工程师代表各留一份,另一份退施工单位。

工 程 报 验 单

附表 4-10

编号:

工程名称:　　　　合同号:　　　　施工单位:

<table>
<tr><td>致(监理工程师)
按合同和规范要求,已完成　　　　　　　　,并经自检合格,报请查验。
(工程或项目名称)
附件:自检资料

承包商　　　日　期</td></tr>
<tr><td>查验结果:

检查员　　　日　期</td></tr>
<tr><td>监理工程师意见:

监理工程师　　　日　期</td></tr>
<tr><td>附注:合格工程将由监理工程师另发工程检验认可书</td></tr>
</table>

由施工单位呈报两份,经查验后,监理组留档一份,另一份退(承包商)施工单位。

复工申请

附表 4-11

编号：

工程名称：　　　　　合同号：　　　　　施工单位：

<table>
<tr><td>致(监理工程师代表)
鉴于　　　　　　　工程的停工因素已经消除，特报请批准复工。
(工程名称)

附件：具备复工条件的说明情况
施工单位(承包商)　　　　日　期</td></tr>
<tr><td>监理工程师代表的意见：
具备复工条件
不具备复工条件
监理工程师代表　　　　日　期
满足下述意见提出的条件后再报</td></tr>
<tr><td>附注：1. 本表用于指令暂停工程的复工申请。
2. 申请被批准后，根据监理工程师代表签发的复工指令执行</td></tr>
</table>

由施工单位(承包商)呈报两份，审批后监理组留档一份，另一份退施工单位(承包商)。

合同工程月计量申报表

附表 4-12

编号：

工程名称：　　　　合同号：　　　　施工单位：

致(监理工程师)

兹申报　　年　　月份完成合同工程量如下表，请予核验量测，你的计算结果，将作为我本期申请该项工程进度款的依据。

附件：工程检验认可书、计量计算表等

施工单位(承包商)　　日　期

工程号	工程内容	单位	申报数量	单价	合价	核定工程量	核定总价
合　计							

经测量、计算，本项合格的可计量的工程量如上表核定数，本期该项合同工程核定总价为　　元，请据此提出本项工程进度付款申请。

监理工程师　　日　期

由施工单位呈报两份，经核定后监理组留一份，另一份退承包商。

计日工作月计量申报表　　　　附表 4-13

编号：

工程名称：　　　　合同号：　　　　施工单位：

致(监理工程师)

兹报上本期(　　　年　　月份)完成之计日工程如下表,请予核实并确认,这将作为我本期申请付款的依据。

附件：计日工程统计报表、工程检验认可书

施工单位　　日　期

计日工程名称						
人工、材料、机械名称	单　位	用　量	批准单价	合　价	核　定	
					用　量	总　价
合　计						

经核查,我确认上述申报,核定本期计日计量总价为　　元,

请据此提出本期付款申请。

监理工程师　　日　期

由施工单位报送两份,经确认后监理组留档一份,另一份退施工单位。

人工、材料价格调整申报表　　附表4-14

编号：

工程名称：　　合同号：　　施工单位：

致(监理工程师代表)

根据合同　　　　规定，我要求调整下列人工、材料价格，报请审批。

(条款)

附件：价格调整计算表，有关证明文件及资料

施工单位(承包商)　　日　期

序　号	人工及材料名称	单　位	调价起讫日期	调价数量	单价调整值(+或-)	调整总金额(+或-)
1						
2						
3						
4						
5						
6						

监理工程师代表审核意见：　　合计

监理工程师代表　　日　期

监理工程师审定的批准：

本批准的调价总额作为承包商申请付款的依据。

监理工程师　　日　期

由施工单位呈报三份，批准后监理工程师、监理工程师代表各留档一份，退施工单位一份。

额外工程月计量申报表　　附表 4-15

编号：

工程名称：　　　　　　合同号：　　　　　　施工单位：

致(监理工程师)

兹报上本期(　　　年　　　月份)完成之额外工程下表，请予核查确认，这将作为我本期申请付款的依据。

附件：1. 工程检验认可书

2. 工程量测量、计算数据和必要说明

施工单位(承包商)　　日　期

额外工程名称变更指令号：

工程号	工程内容	单　位	数　量	批准单价	合　价	核　定	
						数量	总价
合　计							

经核查，我确认上述申报，核定本期额外工程计量总价为　　元，请据此提出本期付款申请。

监理工程师　　日　期

由承包商呈报两份，经确认后监理组留档一份，另一份退施工单位(承包商)。

付款申请

附表 4-16

编号：

工程名称：　　　　合同：　　　　施工单位：

致(监理工程师代表)

兹申请支付　　年　　月份完成下列工程项目的进度款

　　　　元,作为本期的全部付款。

附件：各项计量证明

施工单位　　日　期

项目号	工程名称	计量证书表号及编号	申请付款额	监理工程师代表审核数	监理工程师批准数
支　付					
扣　除	动员预付款				
	材料预付款				
	保留金				
	其他				
	小计				
本期付款总额					

附注：　监理工程师代表　　日　期　　监理工程师　　日　期

1. 将按监理工程师批准的付款额签发支付凭付款。

2. 支付的其他项目包括索赔、价格调整、利税(LCB)合同、材料预付款等

由施工单位呈报三份,批准后监理工程师、监理工程师代表各留档一份,退施工单位一份。

延长工期申报表

附表 4-17

编号：

工程名称：　　　　　　合同号：　　　　　　施工单位：

<table>
<tr><td>致(监理工程师代表)
根据合同条款　　　　的规定,由于下述原因,我要求延长工期　　日,历天,使
　　　　(条款号)
竣工日期(包括已指令变更延长的工期在内)从原来的　年　月　日延长到　年
月　日,请予批准。

施工单位　　日　期</td></tr>
<tr><td>要求延期的原因或理由：

延长工期的计算：

附注:结果将由监理工程师书面通知施工单位</td></tr>
</table>

由施工单位呈报监理工程师代表、监理工程师各一份,退施工单位自留一份。

索赔申报表

附表 4-18

编号：

工程名称：　　　　　　合同号：　　　　　　施工单位：

<table>
<tr><td>致(监理工程师代表)
根据合同条款　　　　　的规定,由于
(条款号)
的原因,我要求索赔金额(人民币)
(原因及理由)
元,请予批准。

施工单位　　日　期

索赔的详细理由及经过：

索赔金额的计算：</td></tr>
<tr><td>附注：结果将由监理工程师书面通知施工单位代表</td></tr>
</table>

由施工单位呈报监理工程师代表,监理工程师各一份,承包商自留一份。

事故报告单

附表 4-19

编号：

工程名称：　　　　　　合同号：　　　　　　施工单位：

致(监理工程师代表)

　　年　月　日　时,在

发生　　　　　　的事故,报告如下：

(性质或类型)

1. 事故原因(初步调查结果或据现场报告情况)

2. 事故性质：

3. 造成损失：

4. 应急措施：

5. 初步处理意见：

待进行现场调查后,再另作详细报告

施工单位　　日　期

由施工单位即时呈报给监理工程师代表一份,报监理工程师一份。

竣工报验单

附表 4-20

编号：

工程名称：　　　　　　　合同号：　　　　　　　施工单位：

致(监理工程师代表)

现　　　　　　　　　已按合同要求基本完成/完成,(下述未完工程及缺陷修补除

(工程项目名称)

外),并以通过自检合格,特报请进行初步验收/正式最终验收。

在通过初步验收/正式最终验收后,我们将在责任期内/责任期后继续按合同要求,履行缺陷修补完成未完工程/最终完善工程的责任,直到监理工程师根据合同认为满意为止。

上述工程中的缺陷及未完项目。

项目名称	责任内容	完成时间	备　注

附件：竣工报告、竣工图、自检资料

施工单位　　　　日　期

监理工程师代表查验意见：

合格(单项工程竣工证书另发)

基本合格,限期完成缺陷修补及未完工程不合格,改正后再报

监理工程师代表　　　　日　期

监理工程师意见：

合格,鉴定后,竣工证书另发基本合格,最终完善缺陷修补不具备验收条件,满足后再报

监理工程师　　　　日　期

单项工程报三份,监理工程师代表查验后留一份,报监理工程师一份,退承包商一份。全部工程竣工报五份,验收后监理工程师、业主、监理工程师代表、业主代表各一份,退承包商一份。

主要参考文献

1. 潘全祥主编.项目经理实用手册.北京:中国建筑工业出版社,1996
2. 《建筑施工手册》编写组.建筑施工手册.第3版.北京:中国建筑工业出版社,1997
3. 苏振民编.建筑施工现场管理手册.北京:中国建筑工业出版社,1998
4. 丛培经主编.实用工程项目管理手册.北京:中国建筑工业出版社,1999
5. 全国建筑企业项目经理培训教材编写委员会.施工组织设计与进度管理.修订版.北京:中国建筑工业出版社,2001
6. 北京市建设委员会,北京市规划发展委员会编制批准.《建筑安装工程资料管理规程》,2001